《铁路交通事故应急救援和调查处理条例》

释　义

国务院法制办工交商事法制司
铁 道 部 政 策 法 规 司　组织编写
铁 道 部 安 全 监 察 司

人 民 交 通 出 版 社

内 容 提 要

本书主要包括三大部分:《铁路交通事故应急救援和调查处理条例》、条例逐条释义以及相关法律法规和文件汇编。

本书既可作为铁路系统培训用书,也是铁路系统"五五"普法重点教材。

图书在版编目(CIP)数据

《铁路交通事故应急救援和调查处理条例》释义/国务院法制办工交商事法制司,铁道部政策法规司等编写.—北京:人民交通出版社,2007.8

ISBN 978-7-114-06731-0

Ⅰ.铁… Ⅱ.①国…②铁… Ⅲ.①铁路运输-交通运输事故-急救-条例-法律解释-中国②铁路运输-交通运输事故-处理-条例-法律解释-中国 Ⅳ.D922.296.5

中国版本图书馆CIP数据核字(2007)第119319号

书　　名:《铁路交通事故应急救援和调查处理条例》释义
著 作 者:国务院法制办工交商事法制司　铁道部政策法规司　铁道部安全监察司
责任编辑:顾孀鲁　李　洁
出版发行:人民交通出版社
地　　址:(100011)北京市朝阳区安定门外外馆斜街3号
网　　址:http://www.ccpress.com.cn
销售电话:(010)85285656,85285838,85285995
总 经 销:北京中交盛世书刊有限公司
经　　销:各地新华书店
印　　刷:北京牛山世兴印刷厂
开　　本:850×1168　1/32
印　　张:10.375
字　　数:205千
版　　次:2007年8月第1版
印　　次:2007年8月第1次印刷
书　　号:ISBN 978-7-114-06731-0
印　　数:0001~40000册
定　　价:24.00元
(如有印刷、装订质量问题的图书由本社负责调换)

前　言

为了加强铁路交通事故的应急救援工作，规范铁路交通事故调查处理，减少人员伤亡和财产损失，保障铁路运输安全和畅通，2007 年 7 月 11 日，温家宝总理签署国务院第 501 号令公布了《铁路交通事故应急救援和调查处理条例》，条例将于 2007 年 9 月 1 日起施行。

条例是我国第一部全面规范铁路交通事故应急救援和调查处理的行政法规。条例的发布实施，是继 2005 年《铁路运输安全保护条例》施行以来，铁路运输安全法制建设的又一件大事。条例在总结多年铁路交通事故处理实践经验的基础上，对事故等级、事故报告、事故应急救援、事故调查处理及事故赔偿等作出了全面规定，是开展铁路交通事故应急救援和调查处理的重要法律依据。条例的发布实施，充分体现了以人为本，贯彻落实科学发展观，构建社会主义和谐社会的要求，对于推动铁路交通事故应急救援和调查处理工作的法制化、规范化，切实保护人民群众生命财产安全，保障铁路运输安全畅通，具有十分重要的意义。

全社会要从促进经济社会又好又快发展的大局出发，充分认识依法规范铁路交通事故应急救援和处理工作的重要性，深刻领会条例的立法精神，全面准确掌握条例规定的内容，坚决贯彻落实条例确立的各项制度。铁路部门要通过学习宣传贯彻条例，切实增强依法处理铁路交通事故、依法加强铁路安全监督管理的自觉性，进一步完善铁路交通日常安全防护措施和事故应急救援和调查处理的各项制度，提高运输安全管理水平，最大限度地减少铁路交通事故的发生，减少人员伤亡和财产损失，努力实现建设和谐铁路目标。

为了帮助社会各界和铁路部门的广大干部职工更好地学习、贯彻条例，国务院法制办工交商事法制司，铁道部政策法规司、安全监察司组织直接参加条例起草和审查修改工作的同志共同编写了本书，按条文顺序逐条作了较为全面、准确的解释。同时，为了方便学习和理解条例，还认真选编了有关的法律、法规、规章和规范性文件，作为本书的组成部分。

本书既可作为铁路系统培训用书，也是铁路系统“五五”普法的指定用书。

编　者

2007 年 7 月

本书编写成员

顾　问：张　穹　国务院法制办副主任

胡亚东　铁道部副部长

王志国　铁道部副部长

主　编：赵晓光　国务院法制办工交商事法制司司长

田根哲　铁道部政策法规司司长

陈兰华　铁道部安全监察司司长

目　录

第一部分

《铁路交通事故应急救援和调查处理条例》

中华人民共和国国务院令

第501号

《铁路交通事故应急救援和调查处理条例》已经2007年6月27日国务院第182次常务会议通过，现予公布，自2007年9月1日起施行。

总理 温家宝

二〇〇七年七月十一日

《铁路交通事故应急救援和调查处理条例》

（2007年6月27日国务院第182次常务会议通过）

第一章　总　　则

第一条　为了加强铁路交通事故的应急救援工作，规范铁路交通事故调查处理，减少人员伤亡和财产损失，保障铁路运输安全和畅通，根据《中华人民共和国铁路法》和其他有关法律的规定，制定本条例。

第二条　铁路机车车辆在运行过程中与行人、机动车、非机动车、牲畜及其他障碍物相撞，或者铁路机车车辆发生冲突、脱轨、火灾、爆炸等影响铁路正常行车的铁路交通事故（以下简称事故）的应急救援和调查处理，适用本条例。

第三条　国务院铁路主管部门应当加强铁路运输安全监督管理，建立健全事故应急救援和调查处理的各项制度，按照国家规定的权限和程序，负责组织、指挥、协调事故的应急救援和调查处理工作。

第四条　铁路管理机构应当加强日常的铁路运输安全监督检查，指导、督促铁路运输企业落实事故应急救援的各项规定，按照规定的权限和程序，组织、参与、协调本辖区内事故的应急救援和调查处理工作。

第五条　国务院其他有关部门和有关地方人民政府应当按照各自的职责和分工，组织、参与事故的应急救援和调查处理工作。

第六条 铁路运输企业和其他有关单位、个人应当遵守铁路运输安全管理的各项规定，防止和避免事故的发生。

事故发生后，铁路运输企业和其他有关单位应当及时、准确地报告事故情况，积极开展应急救援工作，减少人员伤亡和财产损失，尽快恢复铁路正常行车。

第七条 任何单位和个人不得干扰、阻碍事故应急救援、铁路线路开通、列车运行和事故调查处理。

第二章 事故等级

第八条 根据事故造成的人员伤亡、直接经济损失、列车脱轨辆数、中断铁路行车时间等情形，事故等级分为特别重大事故、重大事故、较大事故和一般事故。

第九条 有下列情形之一的，为特别重大事故：

（一）造成30人以上死亡，或者100人以上重伤（包括急性工业中毒，下同），或者1亿元以上直接经济损失的；

（二）繁忙干线客运列车脱轨18辆以上并中断铁路行车48小时以上的；

（三）繁忙干线货运列车脱轨60辆以上并中断铁路行车48小时以上的。

第十条 有下列情形之一的，为重大事故：

（一）造成10人以上30人以下死亡，或者50人以上100人以下重伤，或者5000万元以上1亿元以下直接经济损失的；

（二）客运列车脱轨18辆以上的；

（三）货运列车脱轨60辆以上的；

（四）客运列车脱轨2辆以上18辆以下，并中断繁忙干线铁路行车24小时以上或者中断其他线路铁路行车48小时以上的；

（五）货运列车脱轨6辆以上60辆以下，并中断繁忙干线铁路行车24小时以上或者中断其他线路铁路行车48小时以上的。

第十一条 有下列情形之一的，为较大事故：

（一）造成3人以上10人以下死亡，或者10人以上50人以下重伤，或者1000万元以上5000万元以下直接经济损失的；

（二）客运列车脱轨2辆以上18辆以下的；

（三）货运列车脱轨6辆以上60辆以下的；

（四）中断繁忙干线铁路行车6小时以上的；

（五）中断其他线路铁路行车10小时以上的。

第十二条 造成3人以下死亡，或者10人以下重伤，或者1000万元以下直接经济损失的，为一般事故。

除前款规定外，国务院铁路主管部门可以对一般事故的其他情形作出补充规定。

第十三条 本章所称的“以上”包括本数，所称的“以下”不包括本数。

第三章 事故报告

第十四条 事故发生后，事故现场的铁路运输企业工作人员或者其他人员应当立即报告邻近铁路车站、列车调度员或者公安机关。有关单位和人员接到报告后，应当立即将事故情况报告事故发生地铁路管理机构。

第十五条 铁路管理机构接到事故报告，应当尽快核实有关情况，并立即报告国务院铁路主管部门；对特别重大事故、重大事故，国务院铁路主管部门应当立即报告国务院并通报国家安全生产监督管理等有关部门。

发生特别重大事故、重大事故、较大事故或者有人员伤亡的一般事故，铁路管理机构还应当通报事故发生地县级以上地方人民政府及其安全生产监督管理部门。

第十六条 事故报告应当包括下列内容：

（一）事故发生的时间、地点、区间（线名、公里、米）、事故相关单位和人员；

（二）发生事故的列车种类、车次、部位、计长、机车型号、牵引辆数、吨数；

（三）承运旅客人数或者货物品名、装载情况；

（四）人员伤亡情况，机车车辆、线路设施、道路车辆的损坏情况，对铁路行车的影响情况；

（五）事故原因的初步判断；

（六）事故发生后采取的措施及事故控制情况；

（七）具体救援请求。

事故报告后出现新情况的，应当及时补报。

第十七条 国务院铁路主管部门、铁路管理机构和铁路运输企业应当向社会公布事故报告值班电话，受理事故报告和举报。

第四章 事故应急救援

第十八条 事故发生后，列车司机或者运转车长应当立即停车，采取紧急处置措施；对无法处置的，应当立即报告邻近铁路车站、列车调度员进行处置。

为保障铁路旅客安全或者因特殊运输需要不宜停车的，可以不停车；但是，列车司机或者运转车长应当立即将事故情况报告邻近铁路车站、列车调度员，接到报告的邻近铁路车站、列车调度员应当立即进行处置。

第十九条 事故造成中断铁路行车的，铁路运输企业应当立即组织抢修，尽快恢复铁路正常行车；必要时，铁路运输调度指挥部门应当调整运输径路，减少事故影响。

第二十条 事故发生后，国务院铁路主管部门、铁路管理机构、事故发生地县级以上地方人民政府或者铁路运输企业应当根据事故等级启动相应的应急预案；必要时，成立现场应急救援机构。

第二十一条 现场应急救援机构根据事故应急救援工作的实际需要，可以借用有关单位和个人的设施、设备和其他物资。借用单位使用完毕应当及时归还，并支付适当费用；造成损失的，应当赔偿。

有关单位和个人应当积极支持、配合救援工作。

第二十二条 事故造成重大人员伤亡或者需要紧急转移、安置铁路旅客和沿线居民的，事故发生地县级以上地方人民政府应当及时组织开展救治和转移、安置工作。

第二十三条 国务院铁路主管部门、铁路管理机构或者事故发生地县级以上地方人民政府根据事故救援的实际需要，可以请求当地驻军、武装警察部队参与事故救援。

第二十四条 有关单位和个人应当妥善保护事故现

场以及相关证据，并在事故调查组成立后将相关证据移交事故调查组。因事故救援、尽快恢复铁路正常行车需要改变事故现场的，应当做出标记、绘制现场示意图、制作现场视听资料，并做出书面记录。

任何单位和个人不得破坏事故现场，不得伪造、隐匿或者毁灭相关证据。

第二十五条 事故中死亡人员的尸体经法定机构鉴定后，应当及时通知死者家属认领；无法查找死者家属的，按照国家有关规定处理。

第五章 事故调查处理

第二十六条 特别重大事故由国务院或者国务院授权的部门组织事故调查组进行调查。

重大事故由国务院铁路主管部门组织事故调查组进行调查。

较大事故和一般事故由事故发生地铁路管理机构组织事故调查组进行调查；国务院铁路主管部门认为必要时，可以组织事故调查组对较大事故和一般事故进行调查。

根据事故的具体情况，事故调查组由有关人民政府、公安机关、安全生产监督管理部门、监察机关等单位派人组成，并应当邀请人民检察院派人参加。事故调查组认为必要时，可以聘请有关专家参与事故调查。

第二十七条 事故调查组应当按照国家有关规定开展事故调查，并在下列调查期限内向组织事故调查组的机关或者铁路管理机构提交事故调查报告：

（一）特别重大事故的调查期限为 60 日；

（二）重大事故的调查期限为 30 日；

（三）较大事故的调查期限为 20 日；

（四）一般事故的调查期限为 10 日。

事故调查期限自事故发生之日起计算。

第二十八条 事故调查处理，需要委托有关机构进行技术鉴定或者对铁路设备、设施及其他财产损失状况以及中断铁路行车造成的直接经济损失进行评估的，事故调查组应当委托具有国家规定资质的机构进行技术鉴定或者评估。技术鉴定或者评估所需时间不计入事故调查期限。

第二十九条 事故调查报告形成后，报经组织事故调查组的机关或者铁路管理机构同意，事故调查组工作即告结束。组织事故调查组的机关或者铁路管理机构应当自事故调查组工作结束之日起 15 日内，根据事故调查报告，制作事故认定书。

事故认定书是事故赔偿、事故处理以及事故责任追究的依据。

第三十条 事故责任单位和有关人员应当认真吸取事故教训，落实防范和整改措施，防止事故再次发生。

国务院铁路主管部门、铁路管理机构以及其他有关行政机关应当对事故责任单位和有关人员落实防范和整改措施的情况进行监督检查。

第三十一条 事故的处理情况，除依法应当保密的外，应当由组织事故调查组的机关或者铁路管理机构向社会公布。

第六章 事故赔偿

第三十二条 事故造成人身伤亡的，铁路运输企业应当承担赔偿责任；但是人身伤亡是不可抗力或者受害人自身原因造成的，铁路运输企业不承担赔偿责任。

违章通过平交道口或者人行过道，或者在铁路线路上行走、坐卧造成的人身伤亡，属于受害人自身的原因造成的人身伤亡。

第三十三条 事故造成铁路旅客人身伤亡和自带行李损失的，铁路运输企业对每名铁路旅客人身伤亡的赔偿责任限额为人民币15万元，对每名铁路旅客自带行李损失的赔偿责任限额为人民币2000元。

铁路运输企业与铁路旅客可以书面约定高于前款规定的赔偿责任限额。

第三十四条 事故造成铁路运输企业承运的货物、包裹、行李损失的，铁路运输企业应当依照《中华人民共和国铁路法》的规定承担赔偿责任。

第三十五条 除本条例第三十三条、第三十四条的规定外，事故造成其他人身伤亡或者财产损失的，依照国家有关法律、行政法规的规定赔偿。

第三十六条 事故当事人对事故损害赔偿有争议的，可以通过协商解决，或者请求组织事故调查组的机关或者铁路管理机构组织调解，也可以直接向人民法院提起民事诉讼。

第七章 法律责任

第三十七条 铁路运输企业及其职工违反法律、行政法规的规定，造成事故的，由国务院铁路主管部门或者铁路管理机构依法追究行政责任。

第三十八条 违反本条例的规定，铁路运输企业及其职工不立即组织救援，或者迟报、漏报、瞒报、谎报事故的，对单位，由国务院铁路主管部门或者铁路管理机构处10万元以上50万元以下的罚款；对个人，由国务院铁路主管部门或者铁路管理机构处4000元以上2万元以下的罚款；属于国家工作人员的，依法给予处分；构成犯罪的，依法追究刑事责任。

第三十九条 违反本条例的规定，国务院铁路主管部门、铁路管理机构以及其他行政机关未立即启动应急预案，或者迟报、漏报、瞒报、谎报事故的，对直接负责的主管人员和其他直接责任人员依法给予处分；构成犯罪的，依法追究刑事责任。

第四十条 违反本条例的规定，干扰、阻碍事故救援、铁路线路开通、列车运行和事故调查处理的，对单位，由国务院铁路主管部门或者铁路管理机构处4万元以上20万元以下的罚款；对个人，由国务院铁路主管部门或者铁路管理机构处2000元以上1万元以下的罚款；情节严重的，对单位，由国务院铁路主管部门或者铁路管理机构处20万元以上100万元以下的罚款；对个人，由国务院铁路主管部门或者铁路管理机构处1万元以上5万元以下的罚款；属于国家工作人员的，依法给予处分；构成违反治安管理行为的，由公安机关依法给予治安管理处罚；构成犯罪的，依法追究刑事责任。

第八章 附 则

第四十一条 本条例于2007年9月1日起施行。

1979 年 7 月 16 日国务院批准发布的《火车与其他车辆碰撞和铁路路外人员伤亡事故处理暂行规定》和 1994 年 8 月13 日国务院批准发布的《铁路旅客运输损害赔偿规定》同时废止。

附件一

《铁路交通事故应急救援和调查处理条例》起草说明

1979年国务院批准发布的《火车与其他车辆碰撞和铁路路外人员伤亡事故处理暂行规定》(国发[1979]178号)(以下简称暂行规定),对妥善处理铁路交通事故,维护铁路交通秩序发挥了积极作用。随着国民经济和社会的发展,暂行规定已不能适应当前处理铁路交通事故的需要,主要表现为:一是,暂行规定确立的事故调查体制已经发生了变化;二是,暂行规定仅适用于铁路机车车辆与行人、机动车、非机动车、牲畜及其他障碍物相撞导致的事故,对于铁路机车车辆发生冲突、脱轨、火灾、爆炸等事故的调查处理没有作出相应的规范;三是,暂行规定对铁路主管部门、地方人民政府、运输企业等单位在铁路交通事故应急救援工作中的职责权限和调查处理程序规定得不够明确,不利于开展事故应急救援工作和调查事故责任;四是,对铁路交通事故造成的人身伤亡和财产损失的赔偿标准过低,不利于事故的善后处理,社会对此反应也非常强烈。为了加强铁路交通事故的应急救援工作,规范铁路交通事故调查处理,保障铁路运输安全和畅通,铁道部在总结铁路交通事故应急救援和调查处理的实践经验基础上,对暂行规定进行全面修改,向国务院报送了《铁路交通事故处理条例(送审稿)》。国务院法制办收到此件后,征求了全国人大常委会法工委、最高人民法院、公安部、监察部、安监总局等18个中央有关部门、单位和北京市、山东省等16个地方人民政府及广铁集团、中国铁路工程总公司等7家企业的意见,经反复研究修改,形成了《铁路交通事故应急救援和调查处理条例(草案)》(以下简称草案)。有关部门对草案没有不同意见,国办秘书局已复核。现对草案主要内容说明如下:

一、关于适用范围和事故等级划分

铁路机车车辆在运输活动中发生的交通事故主要有两类:一类是铁路机车车辆与行人、机动车、非机动车、牲畜及其他障碍物相撞导致的事故;另一类是铁路机车车辆发生冲突、脱轨、火灾、爆炸等影响铁路正常行车的事故。暂行规定只对前一类事故的调查处理作了规定。随着铁路运输市场的开放,运输主体日趋多元化,安全运输的问题越来越突出,为了加强对铁路运输安全的全面管理,特别是适应铁路全面提速的需要,草案将这两类事故的调查处理都纳入了适用范围。

目前我国事故等级主要是根据事故造成的人员伤亡和直接经济损失数额划分为特别重大事故、重大事故、较大事故、一般事故四个等级。在铁路交通事故应急救援和调查处理实践中,除了根据人员伤亡和直接经济损失确定事故等级外,列车脱轨辆数和中断铁路行车时间也是划分事故等级的重要依据。为此,草案规定铁路交通事故等级根据事故造成的人员伤亡、直接经济损失、列车脱轨辆数、中断铁路行车时间等情形分为特别重大事故、重大事故、较大事故和一般事故(第八条、第九条、第十条、第十一条、第十二条)。这样规定既保持了国家在事故等级划分标准上的统一和协调,又兼顾了铁路交通事故应急救援和调查处理工作的实际需要。

二、关于事故报告和应急救援

铁路运输具有轨道和网络性特征，一旦发生铁路交通事故，就会对区域性或者全国性运输网络产生影响。为了加强铁路交通事故应急救援，保障铁路运输安全和畅通，草案规定：事故发生后，事故现场的铁路运输企业工作人员或者其他人员应当立即报告邻近铁路车站、列车调度员或者公安机关。有关单位和人员接到报告后，应当立即将事故情况报告事故发生地铁路管理机构（第十四条）；铁路管理机构接到事故报告，应当尽快核实有关情况，并立即报告国务院铁路主管部门；对特别重大事故、重大事故，国务院铁路主管部门应当立即报告国务院并通报国家安全生产监督管理等有关部门。发生特别重大事故、重大事故、较大事故或者有人员伤亡的一般事故，铁路管理机构还应当通报事故发生地县级以上地方人民政府（第十五条）。同时，草案还规定：事故造成中断铁路行车的，铁路运输企业应当立即组织抢修，尽快恢复铁路正常行车；必要时，铁路运输调度指挥部门应当调整运输径路，减少事故影响（第十九条）。事故发生后，国务院铁路主管部门或者铁路管理机构、事故发生地县级以上地方人民政府、铁路运输企业应当根据事故等级启动相应的应急预案；必要时，成立现场应急救援机构（第二十条）。事故造成重大人员伤亡或者需要紧急转移、安置铁路旅客和沿线居民的，事故发生地县级以上地方人民政府应当及时组织开展救治和转移、安置工作（第二十二条）。

三、关于事故的调查处理

我国铁路运输管理实行集中统一调度指挥的体制。

从日常运力资源的配置、运输安全监管到特殊情况下的运输径路的调整，都是由铁路主管部门统一负责。发生铁路交通事故后，由铁路主管部门统一协调处理，有利于尽快开展应急救援，及时抢修、开通线路，恢复铁路正常行车；同时，铁路交通事故的调查涉及机车车辆、线路设备、通信信号、行车指挥等多个方面，专业性、技术性比较强，由铁路主管部门牵头组织调查更有利于准确分析事故原因，认定事故责任。草案充分考虑铁路交通事故调查处理的特点和现阶段国务院有关部门职责分工的情况，规定：特别重大事故由国务院或者国务院授权的部门组织事故调查组进行调查。其他等级的事故由国务院铁路主管部门或者铁路管理机构组织事故调查组进行调查，事故调查组由有关人民政府、公安机关、安全生产监督管理部门、监察机关等单位派人组成，并应当邀请人民检察院派人参加（第二十六条）。

此外，草案还对事故调查的期限、铁路交通事故认定书的制作、事故防范和整改措施的监督落实等作了规定（第二十七条、第二十九条、第三十条）。

四、关于事故赔偿

草案根据民法通则、铁路法确立的赔偿原则，对铁路交通事故赔偿制度作了三个方面规定：

一是，在综合考虑城乡收入水平和铁路运输企业的实际赔付能力，以及国内港口间海上旅客运输、道路运输等不同运输方式的赔偿责任限额的基础上，将铁路交通事故造成的旅客人身伤亡的赔偿责任限额，由原来的4万元提高到15万元；旅客自带行李损失的赔偿责任限额，由原来的800元提高到2000元（第三十三条）。

二是，对铁路交通事故造成铁路运输企业承运的货物、包裹、行李损失，原则性规定由铁路运输企业依照《中华人民共和国铁路法》的规定承担赔偿责任（第三十四条）。

三是，对铁路交通事故造成的其他人身伤亡或者财产损失，依照国家有关法律、行政法规的规定赔偿（第三十五条）。

此外，草案对铁路运输企业及其职工，以及其他有关单位和人员不及时开展应急救援工作，迟报、漏报、瞒报、谎报铁路交通事故，或者干扰、阻碍铁路交通事故救援、铁路线路开通等违法行为应当承担的法律责任作了规定。

《铁路交通事故应急救援和调查处理条例（草案）》及以上说明是否妥当，请审议。法制办建议草案经国务院常务会议讨论通过后，以国务院令公布施行。

附件二

《铁路交通事故应急救援和调查处理条例》答记者问

2007 年 7 月 11 日，温家宝总理签署国务院令，公布《铁路交通事故应急救援和调查处理条例》（以下简称条例），该条例将于 2007 年 9 月 1 日起施行。日前，国务院法制办公室、铁道部负责人就条例的有关问题回答了记者的提问。

问：条例出台的意义？

答：1979 年国务院批准发布的《火车与其他车辆碰撞和铁路路外人员伤亡事故处理暂行规定》（以下简称暂行规定），对妥善处理铁路交通事故，维护铁路交通秩序发挥了积极作用。但是，随着国民经济和社会的发展，暂行规定已不能完全适应当前处理铁路交通事故的需要，主要表现在：一是，暂行规定确立的事故调查体制已经发生了变化；二是，暂行规定适用范围不适应铁路事业的发展；三是，暂行规定对有关单位和个人在铁路交通事故应急救援工作中的职责权限和调查处理程序规定不够明确、具体，不利于开展事故应急救援工作和调查事故责任；四是，暂行规定确定的赔偿原则和标准需要随着社会经济的发展进行调整。特别是，铁路经过六次大面积提速，对铁路交通事故应急救援和调查处理提出了更高的要求。为了及时有效地开展有关应急救援工作，准确地调查铁路交通事故原因和处理铁路交通事故,促进铁路交通事业更好、更快的发展,迫切需要在总结铁路交通事故应急救援和调查处理的实践经验基础上,对暂行规定作出全面的修改。

问:条例适用于什么样的铁路交通事故?

答:铁路机车车辆在运输活动中发生的交通事故主要有两类:一类是铁路机车车辆与行人、机动车、非机动车、牲畜及其他障碍物相撞导致的事故;另一类是铁路机车车辆发生冲突、脱轨、火灾、爆炸等影响铁路正常行车的事故。暂行规定只对前一类事故的调查处理作了规定。随着运输市场的开放,运输主体日趋多元化,为了加强对铁路运输安全的全面管理,条例将这两类事故的调查处理统一纳入了适用范围。

问:条例是如何划分铁路交通事故等级标准的?

答:目前,我国事故等级主要是根据事故造成的人员伤亡和直接经济损失数额,划分为特别重大事故、重大事故、较大事故、一般事故四个等级。在铁路运输行业的交通事故应急救援和调查处理实践中,除了根据人员伤亡和直接经济损失确定事故等级外,还应当将列车脱轨辆数和中断铁路行车时间作为划分事故等级的重要依据。为此,条例规定:铁路交通事故等级根据事故造成的人员伤亡、直接经济损失、列车脱轨辆数、中断铁路行车时间等情形分为特别重大事故、重大事故、较大事故和一般事故。这样规定既保持了国家在事故等级划分标准上的统一和协调,又兼顾了铁路交通事故应急救援和调查处理工作的实际需要。

问:关于铁路交通事故的报告制度,条例是如何规定的?

答:为了加强铁路交通事故应急救援,保障铁路运输安全和畅通,条例在对有关单位和个人应当及时、准确地报告事故情况作出原则性要求的同时,还从以下三个方面作出具体规定:

一是,明确了事故报告的程序和时限。条例规定:事故发生后,事故现场的铁路运输企业工作人员或者其他人员应当立即报告邻近铁路车站、列车调度员或者公安机关。有关单位和人员接到报告后,应当立即将事故情况报告事故发生地铁路管理机构。铁路管理机构接到事故报告,应当尽快核实有关情况,并立即报告国务院铁路主管部门;对特别重大事故、重大事故,国务院铁路主管部门应当立即报告国务院并通报国家安全生产监督管理等有关部门。发生特别重大事故、重大事故、较大事故或者有人员伤亡的一般事故,铁路管理机构还应当通报事故发生地县级以上地方人民政府及其安全生产监督管理部门。

二是,规范了事故报告的内容。条例规定:事故报告应当包括事故发生的时间、地点、区间(线名、公里、米)、事故相关单位和人员,发生事故的列车种类、车次、部位、计长、机车型号、牵引辆数、吨数,承运旅客人数或者货物品名、装载情况,人员伤亡情况,机车车辆、线路设施、道路车辆的损坏情况,对铁路行车的影响情况,事故原因的初步判断,事故发生后采取的措施及事故控制情况和具体救援请求等。对于事故报告后出现新情况的，还应当及时补报。

三是，建立了值班和举报制度。为了方便人民群众报告和举报铁路交通事故，强化社会监督，条例规定国务院铁路主管部门、铁路管理机构和铁路运输企业应当向社会公布事故报告值班电话，受理事故报告和举报。

问：条例是如何对铁路交通事故应急救援作出规定的？

答：铁路运输具有轨道性、网络性，一旦发生铁路交通事故，就会对区域性或者全国性运输网络产生影响。为了加强铁路交通事故的应急救援工作，减少人员伤亡和财产损失，保障铁路运输安全和畅通，条例对铁路交通事故发生后有关单位和个人进行的应急救援工作，从以下四个方面作出规定：

一是，规定了列车司机或者运转车长的应急处置职责。事故发生后，列车司机或者运转车长应当立即停车，采取紧急处置措施；对无法处置的，应当立即报告邻近铁路车站、列车调度员进行处置。为保障铁路旅客安全或者因特殊运输需要不宜停车的，可以不停车；但是，列车司机或者运转车长应当立即将事故情况报告邻近铁路车站、列车调度员，接到报告的邻近铁路车站、列车调度员应当立即进行处置。

二是，规定了铁路运输企业的抢修职责。事故造成中断铁路行车的，铁路运输企业应当立即组织抢修，尽快恢复铁路正常行车。必要时，铁路运输调度指挥部门应当调整运输径路，减少事故影响。

三是，规定了启动事故应急预案和成立现场应急救援机构的程序，以及现场应急救援机构的有关权限。事故发生后，国务院铁路主管部门、铁路管理机构、事故发生地县级以上地方人民政府或者铁路运输企业应当根据事故等级启动相应的应急预案；必要时，成立现场应急救援机构。现场应急救援机构根据事故应急救援工作的实际需要，可以借用有关单位和个人的设施、设备和其他物资。

四是，要求有关单位和个人对事故应急救援予以支持、配合。条例规定：有关单位和个人应当积极支持、配合救援工作。事故造成重大人员伤亡或者需要紧急转移、安置铁路旅客和沿线居民的，事故发生地县级以上地方人民政府应当及时组织开展救治和转移、安置工作。国务院铁路主管部门、铁路管理机构或者事故发生地县级以上地方人民政府根据事故救援的实际需要，可以请求当地驻军、武装警察部队参与事故救援。

问：条例关于铁路交通事故调查处理作了哪些规定？作出这些规定的出发点是什么？

答：我国铁路运输管理实行集中统一调度指挥的体制。从日常运力资源的配置、运输安全监管到特殊情况下的运输径路的调整，都是由铁路主管部门统一负责。发生铁路交通事故后，由铁路主管部门统一协调处理，有利于尽快开展应急救援，及时抢修、开通线路，恢复铁路正常行车；同时，铁路交通事故的调查涉及机车车辆、线路设备、通信信号、行车指挥等多个方面，专业性、技术性比较强，由铁路主管部门组织调查更有利于准确分析事故原因,认定事故责任。条例充分考虑铁路交通事故调查处理的特点和现阶段国务院有关部门职责分工的情况,对铁路交通事故的调查处理程序作了五个方面的规定:

一是,明确了组织事故调查组的主体和参加部门。条例根据不同的事故等级,分别规定:特别重大事故由国务院或者国务院授权的部门组织事故调查组进行调查。重大事故由国务院铁路主管部门组织事故调查组进行调查。较大事故和一般事故由事故发生地铁路管理机构组织事故调查组进行调查;国务院铁路主管部门认为必要时,可以组织事故调查组对较大事故和一般事故进行调查。根据事故的具体情况,事故调查组由有关人民政府、公安机关、安全生产监督管理部门、监察机关等单位派人组成,并应当邀请人民检察院派人参加。事故调查组认为必要时,可以聘请有关专家参与事故调查。

二是,规范了事故调查的期限。条例规定:事故调查组应当按照国家有关规定开展事故调查,并在规定的调查期限内向组织事故调查组的机关或者铁路管理机构提交事故调查报告,其中特别重大事故的调查期限为60日、重大事故的调查期限为30日、较大事故的调查期限为20日、一般事故的调查期限为10日,并且明确了事故调查期限自事故发生之日起计算。

三是,规定了事故认定书的制作期限和效力。条例规定组织事故调查组的机关或者铁路管理机构应当自事故调查组工作结束之日起15日内,根据事故调查报告,制作事故认定书。事故认定书是事故赔偿、事故处理以及事故责任追究的依据。

四是，强化了对事故防范和整改措施的监督落实要求。条例规定事故责任单位和有关人员应当认真吸取事故教训，落实防范和整改措施，防止事故再次发生。国务院铁路主管部门、铁路管理机构以及其他有关行政机关应当对事故责任单位和有关人员落实防范和整改措施的情况进行监督检查。

五是，确立了事故处理情况的公布制度。规定事故的处理情况，除依法应当保密的外，应当由组织事故调查组的机关或者铁路管理机构向社会公布。

问：条例是如何规定由铁路交通事故引起的赔偿责任的？

答：随着国民经济和社会的发展，现行铁路交通事故的赔偿原则和标准已不适应现实需要，有关民事法律也对我国民事赔偿制度作出了规定。为此，条例根据《中华人民共和国民法通则》、《中华人民共和国铁路法》确立的赔偿原则，对铁路交通事故赔偿制度重新作了规定，具体体现在以下五个方面：

一是，根据《中华人民共和国民法通则》和《中华人民共和国铁路法》的有关规定，明确了铁路交通事故造成人身伤亡的赔偿责任的一般原则。条例规定：铁路交通事故造成人身伤亡的，铁路运输企业应当承担赔偿责任；但是人身伤亡是不可抗力或者受害人自身原因造成的，铁路运输企业不承担赔偿责任。违章通过平交道口或者人行过道，或者在铁路线路上行走、坐卧造成的人身伤亡，属于受害人自身的原因造成的人身伤亡，铁路运输企业对此不承担赔偿责任。

二是,条例在综合考虑城乡收入水平和铁路运输企业的实际赔付能力,以及其他运输方式赔偿责任限额的基础上,将铁路交通事故造成的旅客人身伤亡的赔偿责任限额,由原来的4万元提高到15万元;旅客自带行李损失的赔偿责任限额,由原来的800元提高到2000元。

三是,对铁路交通事故造成铁路运输企业承运的货物、包裹、行李损失,条例规定由铁路运输企业依照《中华人民共和国铁路法》的规定承担赔偿责任。

四是,对铁路交通事故造成的其他人身伤亡或者财产损失,条例规定依照国家有关法律、行政法规的规定赔偿。

五是,规定了相应的救济途径。铁路交通事故当事人对事故损害赔偿有争议的,可以通过协商解决,或者请求组织事故调查组的机关或者铁路管理机构组织调解,也可以直接向人民法院提起民事诉讼。

问:在加大对违法行为的惩处力度方面,条例作了哪些规定?

答:条例对铁路运输企业及其职工、国务院铁路主管部门、铁路管理机构以及其他行政机关在铁路交通事故应急救援、事故报告和调查处理中的违法行为以及违反法律、行政法规的规定导致事故发生等行为,都规定了较为严厉的处罚措施,包括行政处罚、处分和追究刑事责任等。比如,铁路运输企业及其职工违反本条例的规定,不立即组织救援,或者迟报、漏报、瞒报、谎报事故的,对单位,由国务院铁路主管部门或者铁路管理机构处10万元以上50万元以下的罚款;对个人,由国务院铁路主管部门或者铁路管理机构处4000元以上2万元以下的罚款；属于国家工作人员的，依法给予处分；构成犯罪的，依法追究刑事责任。又如，国务院铁路主管部门、铁路管理机构以及其他行政机关违反本条例的规定，未立即启动应急预案，或者迟报、漏报、瞒报、谎报事故的，对直接负责的主管人员和其他直接责任人员依法给予处分；构成犯罪的，依法追究刑事责任。

附件三

铁道部关于认真学习宣传贯彻《铁路交通事故应急救援和调查处理条例》的通知

部属各单位,各合资铁路公司,各地方铁路:

国务院总理温家宝2007年7月11日签署第501号国务院令,公布了《铁路交通事故应急救援和调查处理条例》(以下简称条例),自2007年9月1日起施行。为做好条例的学习宣传和贯彻实施工作,现就有关事项通知如下:

一、充分认识条例公布实施的重要意义

条例是我国第一部全面规范铁路交通事故应急救援和调查处理的行政法规。条例的公布实施,是继2005年《铁路运输安全保护条例》施行以来,铁路运输安全法制建设的又一件大事。条例在总结多年铁路交通事故处理实践经验的基础上,对事故分类、事故报告、应急救援、调查处理及事故赔偿等作出了全面规定,是处理铁路交通事故的重要法律依据。条例的公布实施,充分体现了以人为本,贯彻落实科学发展观,构建社会主义和谐社会的要求,对于推动铁路交通事故处理工作的法制化、规范化,切实维护人民生命财产安全,保障铁路运输安全畅通,具有十分重要的意义。全路职工要从促进经济社会及铁路事业又好又快发展的大局出发,充分认识依法规范铁路交通事故处理工作的重要性,深刻领会条例的立法精神,全面准确掌握条例规定的各项内容,坚决贯彻落实条例确立的各项制度。通过学习宣传贯彻条例,切实增强依法处理铁路交通事故、依法加强铁路安全监督管理的自觉性,进一步完善铁路交通事故处理的各项制度和日常安全防护措施,提高铁路运输安全管理水平,预防和减少铁路交通事故发生,最大限度减少人员伤亡和财产损失,为加快推进和谐铁路建设创造良好氛围。

二、全面准确掌握条例规定的各项内容

条例全文共四十一条,涉及铁路交通事故处理的各方面、各环节,内涵丰富。贯彻落实条例,首先要把条例规定的各项内容学习好、领会透、把握准。要特别注意掌握以下重点内容:

一是条例的适用范围。条例将铁路路外伤亡事故和行车事故统一纳入"铁路交通事故"范畴,形成了统一的事故分类、报告、应急救援和调查处理制度。对于铁路机车车辆在运行过程中与行人、机动车、非机动车、牲畜及其他障碍物相撞导致的事故,或者铁路机车车辆在运行过程中发生冲突、脱轨、火灾、爆炸等影响铁路正常行车的事故,都应当严格按照条例规定开展应急救援和调查处理工作。

二是事故等级类别和分类标准。按照条例规定,铁路交通事故等级根据事故造成的人员伤亡、直接经济损失、列车脱轨辆数、中断铁路行车时间等情形,分为特别重大事故、重大事故、较大事故和一般事故。这样规定既保持了国家在事故等级划分标准上的统一和协调,又体现了铁路运输的行业特点。

三是事故报告制度。条例在对有关单位和个人应当及时、准确报告事故情况提出原则性要求的同时,还对事故报告主体、对象，报告程序、时限和报告内容等作出了明确具体的规定，并建立了值班和举报制度。

四是事故应急救援制度。条例规定了列车司机或运转车长的应急处置职责，运输企业的抢修职责，启动事故应急预案和成立现场应急救援机构的程序，以及现场应急救援机构的权限，并对有关单位和个人支持、配合事故应急救援工作提出了明确要求。

五是事故调查制度。条例充分考虑铁路交通事故调查处理特点，明确了组织事故调查组的主体、参加部门及其调查权限，规范了事故调查程序、期限和事故责任认定形式，确立了事故处理情况的公布制度，强化了对事故防范和整改措施的监督。

六是事故损害赔偿原则及适用法律。条例依据我国相关法律规定，明确了铁路交通事故损害赔偿的基本原则、免责条款、旅客损害赔偿责任限额标准及其他人员伤亡和财产损失赔偿的法律适用，同时还规定了相应的救济途径。

七是相关法律责任。条例对铁路运输企业及其职工、国务院铁路主管部门、铁路管理机构以及其他行政机关在铁路交通事故应急救援、事故报告和调查处理中的违法行为，以及违反法律、行政法规的规定导致事故发生等行为，规定了较为严厉的处罚措施，包括行政处罚、行政处分和追究刑事责任。

全路各单位要重点把握好以上七个方面的重点内容，结合本单位工作特点，认真组织好条例的学习宣传和贯彻实施。铁道部有关部门要对照条例规定，抓紧清理铁道部相关规章及规范性文件。凡是与条例规定不一致或有冲突的,要及时废止或修改,同时抓紧组织制定一批新的规章制度和配套实施办法,做好条例的实施准备和组织落实工作。各铁路局也要针对目前铁路交通事故应急救援和调查处理工作中存在的突出问题和薄弱环节,进一步健全完善相关管理制度和工作机制,落实事故防范与安全防护措施,确保条例贯彻落实到位。

三、认真做好条例的学习宣传和培训工作

全路各单位要把条例的学习、宣传和培训工作纳入“五五”普法规划,作为当前铁路法制宣传教育的一项重点内容,广泛深入、扎实有效地开展多种形式的学习、宣传和培训工作。

一是搞好职工培训。各单位要在年内集中一段时间,有针对性地开展条例培训工作,以适应不同层次的需求。首先,要抓好铁道部机关公务员和企业领导干部培训,增强对条例重要性的认识,全面准确掌握条例规定的各项制度,提高依法处理铁路交通事故、依法加强运输安全管理的意识和水平。第二,要抓好事故应急救援、安全监察,法律事务机构,铁路公安部门、法院、检察院以及其他相关部门人员的专业培训,逐条逐项地研究掌握具体条款,明确法定职权、法定义务,熟悉相关业务的规范要求和工作程序。第三,要抓好铁路运输生产一线及窗口单位的职工培训,重点了解掌握事故现场报告、现场应急处置等与本岗位职责相关的规定,做到依法履行职责。要结合条例的学习培训,进一步深入学习《铁路法》、《安全生产法》、《民法通则》、《铁路运输安全保护条例》等相关法律法规,全面准确把握铁路交通事故处理的法律适用。

二是广泛宣传条例发布实施的重要意义和主要内

容。各单位要向全社会广泛宣传条例的立法精神、基本原则、重要内容等。特别是对事故应急处置、损害赔偿等与广大人民群众关系密切,需要社会理解、支持、配合的有关规定,要采用通俗易懂的方式,全面、准确地做好宣传解释工作,使广大人民群众明确自己享有的权利和应尽的义务。各铁路局要组织企业法律顾问和安监、运输等相关专业人员深入运输生产一线和铁路沿线,向铁路广大职工和沿线群众进行普法宣传,根据不同宣传对象,有针对性地搞好主题宣传活动,增强铁路职工和沿线群众学法、守法自觉性。

三是为学习宣传培训提供高质量的教材。要组织权威部门和法律专家,抓紧编写出版有关条例释义、条例知识问答等学习教材。各单位要把条例学习教材作为“五五”普法重点教材,认真组织做好征订工作,满足干部职工学习培训需要。

四、切实加强对条例宣贯工作的组织领导

各单位要高度重视条例宣贯工作,抓紧部署,切实加强组织领导,确保各项实施准备工作及时落实到位。铁道部安委会作为条例宣贯领导小组,统一领导全路的条例宣贯工作,组织研究解决条例宣贯中的重大问题。安委会成员单位同时作为领导小组成员单位,按照铁道部制定的工作推进计划,分工负责,抓好落实。各铁路局也要明确领导部门和责任部门,结合本单位实际,研究提出具体的宣贯工作重点及职责分工,把实施准备工作抓细、抓实、抓到位。对条例贯彻实施中遇到的重大问题及时报铁道部。

二〇〇七年七月二十五日

第二部分

《铁路交通事故应急救援和调查处理条例》释义

第一章 总 则

《铁路交通事故应急救援和调查处理条例》(以下简称本条例),总则部分是本条例总体精神的原则性规定。总则规定的条款是各章、节、条、款具体规范的基础和条件,其他各章、节、条、款的规定是总则的具体体现。第一章共七条,主要规定了本条例的立法目的,适用范围,国务院铁路主管部门、铁路管理机构、国务院有关部门和地方人民政府在铁路交通事故应急救援和调查处理中的职责以及铁路运输企业、有关单位、个人在事故应急救援和调查处理中的义务。

第一条 为了加强铁路交通事故的应急救援工作,规范铁路交通事故调查处理,减少人员伤亡和财产损失,保障铁路运输安全和畅通,根据《中华人民共和国铁路法》和其他有关法律的规定,制定本条例。

【释义】 本条是关于本条例立法目的和立法依据的规定。

一、条例的立法背景

铁路交通事故的应急救援和调查处理,是铁路运输安全工作的重要环节。本条例实施前,铁路交通事故调查处理的法律依据主要是1979年国务院批转铁道部、交通部、公安部联合发布的《火车与其他车辆碰撞和铁路路外人员伤亡事故处理暂行规定》(国发[1979]178号,以下简称暂行规定)、《铁路行车事故处理规则》(铁道部令第3号)。其中对铁路行车事故调查处理的主要依据是

《铁路行车事故处理规则》,对路外人员伤亡调查处理的主要依据是暂行规定,对铁路从业人员伤亡事故调查处理主要依据是《企业职工伤亡事故报告和处理规定》(国务院第75号令)。这些法规性文件对规范铁路交通事故的应急救援和调查处理发挥了积极作用。但是,随着国民经济和社会的发展,暂行规定已不能适应当前处理铁路交通事故的需要,主要表现为:

一是,暂行规定确立的事故调查体制已经发生了变化。关于"发生路外伤亡事故,应成立事故调查委员会,负责调查处理事故。事故调查委员会在当地县以上革委会领导下进行"的规定已严重过时。

二是,暂行规定仅适用于铁路机车车辆与行人、机动车、非机动车、牲畜及其他障碍物相撞导致的事故,对于铁路机车车辆发生冲突、脱轨、火灾等事故的调查处理没有作出相应的规定。

三是,暂行规定对铁路主管部门、地方人民政府、运输企业等单位在铁路交通事故应急救援工作中的职责权限和调查处理程序规定得不够明确,不利于开展事故应急救援工作和调查事故责任。

四是,对铁路交通事故造成的人身伤亡和财产损失赔偿规定的标准过低,不利于事故的善后处理。暂行规定关于"凡违反本规定有关条款,造成伤亡的,属于伤亡者本人或所属单位责任,伤者的医疗费、住院期间伙食费,死者的火葬费或埋葬费,由伤亡者本人或所属单位负担。伤者住院期间吃饭所需粮票,必须由本人交纳,确无粮票来源的或来源不足的,经铁路公安部门证明,由当地粮食部门给予解决"的规定,具有明显的计划经济痕迹,已不适应现实需要。暂行规定关于“因伤致残，经济确有困难的，可根据其残废程度，由铁路部门酌情给予一次性救济费五十至一百五十元。死亡者，家庭生活确有困难的，由铁路部门酌情给予八十元至一百五十元火葬费或埋葬费；可酌情给予一次性救济一百至一百五十元”的规定，明显不符合我国现行有关法律的规定。一是与《中华人民共和国民法通则》的有关规定不相吻合；二是以救济费、抚恤费取代替民事损害赔偿，不符合现行法律规定；三是救济、抚恤费的数额明显低于我国城乡居民现实生活水平，现实中也不具有可操作性。因此，尽管暂行规定中设定了补偿标准的规定，但实际上很难按此标准执行。

《铁路行车事故处理规则》主要是立足于铁路内部对行车事故管理的基础上研究制定的，随着铁路改革的进一步深化，《铁路行车事故处理规则》所确立的这种内部形式的事故调查处理方式，已经明显不适应依法行政的管理要求，并且其中对事故等级划分也与国家现行的一般规定不一致，迫切需要进行修改，理顺事故调查处理关系，明确事故标准，建立相应的责任追究制度。

在这种情况下，暂行规定和《铁路行车事故处理规则》两部文件已经不能完全适应铁路交通事故应急救援和调查处理的需要，有必要在总结实践经验的基础上，制定一部全面、系统的规范铁路交通事故应急救援和调查处理的行政法规。胡锦涛、温家宝等中央领导同志多次对铁路工作做出重要指示，要求铁路部门始终不渝地执行安全第一的方针，强化运输安全基础，确保大动脉安全畅通。为了加强铁路交通事故的应急救援工作，规范铁路交通事故调查处理，保障铁路运输安全和畅通，铁道部在总结铁路交通事故应急救援和调查处理工作实践经验的基础上，对暂行规定进行了全面修改，向国务院报送了本条例送审稿。国务院法制办在广泛征求中央有关部门、地方人民政府及企业意见的基础上，反复研究修改，形成《铁路交通事故应急救援和调查处理条例(草案)》。2007年6月27日，国务院常务会议审议并通过了本条例草案。温家宝总理于2007年7月11日签署第501号国务院令公布了本条例，自2007年9月1日起施行。

二、本条例的立法目的

1.加强铁路交通事故的应急救援工作。

铁路的网络特性以及在我国社会经济中的特殊地位和作用，决定了铁路交通事故一旦发生，其影响在很多情况下并不仅限于局部或一个点，很有可能波及整个运输网络，给国民经济的正常运行带来不利影响。处理铁路交通事故，既要考虑最大限度地减少人员伤亡和财产损失，又要考虑尽快抢通线路、恢复通车，应急救援工作十分重要。因此，本条例将加强铁路交通事故的应急救援工作，作为立法的基本目的之一，并设立专章对事故应急救援进行全面规范，对铁路运输企业，事故各方当事人，事故现场的各类人员及国务院铁路主管部门、铁路管理机构和铁路沿线的地方各级人民政府参与事故应急救援的义务作了明确规定。

2.规范铁路交通事故调查处理。

铁路交通事故的调查处理事关铁路运输安全畅通、事关广大人民群众的切身利益，是一项非常严肃、非常重要的工作，有必要对事故调查处理的组织体系、工作程序、期限要求、行为规范以及有关法律责任作出具体明确的法律规定。本条例依据《中华人民共和国铁路法》和《生产安全事故报告和调查处理条例》有关规定,从事故应急救援、事故报告、事故调查、事故处理等方面,对铁路交通事故的调查处理基本程序,有关机关和铁路管理机构组织事故调查组进行调查处理的程序和权限,相关地方人民政府、公安机关、安全生产监督管理部门、监察机关参加事故调查等各个环节作出明确规定,保证事故调查处理工作的依法规范进行。为此,条例将规范铁路交通事故调查处理作为立法目的之一。

3. 减少人员伤亡和财产损失。

铁路交通事故发生后,人员伤亡和财产损失难以避免,但最大限度地减少伤亡和损失是事故应急救援和调查处理工作的第一要务,本条例对如何采取措施减少伤亡和损失也作出了十分明确的要求。一是,事故发生后,要求列车司机或者运转车长应当立即停车,采取紧急处置措施;对无法处置的,应当立即报告邻近铁路车站、列车调度员进行处置。二是,对事故造成中断铁路行车的,要求铁路运输企业应当立即组织抢修,或者调整运输径路,尽快恢复通车,减少事故影响。三是,要求国务院铁路主管部门、铁路管理机构和地方人民政府、铁路运输企业启动应急预案或者成立现场救援机构,开展应急救援。四是明确了铁路沿线单位和群众对救援物资设备的支持以及可以请求部队支援的规定。因此,条例将减少人员伤亡和财产损失也规定为本条例的立法目的。

4. 保障铁路运输安全和畅通。

铁路运输是我国的基础产业,是国民经济的大动脉。

铁路运输的根本目的就是实现旅客和货物安全有序的位移,满足社会经济发展和人民群众生产生活的需要,铁路运输安全畅通是铁路实现运输目的的根本保证。新中国成立后,我国铁路发展迅速,特别是改革开放以来,铁路建设经营更加突飞猛进发展,国家铁路、地方铁路、专用铁路和铁路专用线等各类铁路的营业里程已达八万多公里。随着铁路营业里程的增加,汽车等机动车的增长和近年来铁路提速范围的不断扩大,防范各类铁路交通事故发生的工作难度更大,保证铁路运输的安全畅通成为了铁路工作的头等大事。本条例充分体现了保证铁路运输安全畅通这一要求:一是强调对事故进行调查的目的除了查明责任外,更主要的是总结经验教训,防止事故的再次发生。本条例第三十条"事故责任单位和有关人员应当认真吸取事故教训,落实防范和整改措施,防止事故再次发生。国务院铁路主管部门、铁路管理机构以及其他有关行政机关应当对事故责任单位和有关人员落实防范和整改措施的情况进行监督检查"的规定,充分体现了"安全第一、预防为主、综合治理"的安全工作的根本方针。二是对事故应急救援的强调,就是为了能及时抢通线路,尽快恢复通车,保证铁路运输的安全畅通。因此,本条例将保证铁路运输安全畅通作为本条例的制定目的之一。

三、本条例的立法依据

《中华人民共和国铁路法》第四章对铁路交通事故的应急救援和调查处理作出了规定。其中第五十七条明确规定:"发生铁路交通事故,铁路运输企业应当依照国务院和国务院有关主管部门关于事故调查处理的规定办理，并及时恢复正常行车。”这是制定本条例最直接的立法依据，本条例是《中华人民共和国铁路法》有关基本原则的细化，必须与《中华人民共和国铁路法》精神和具体规定相一致。此外，与铁路运输安全管理、事故应急救援和调查处理相关的其他法律，如《中华人民共和国安全生产法》等法律也对事故应急救援和调查处理作出了相应规定，这些法律也是本条例的立法依据，本条例的内容也需要与这些法律相衔接。

第二条　铁路机车车辆在运行过程中与行人、机动车、非机动车、牲畜及其他障碍物相撞，或者铁路机车车辆发生冲突、脱轨、火灾、爆炸等影响铁路正常行车的铁路交通事故（以下简称事故）的应急救援和调查处理，适用本条例。

【释义】　本条是关于本条例适用范围的规定。

所谓适用范围是指一部法律文件在空间、事项等方面的适用对象和适用情形。铁路交通事故主要有两类：一类是铁路机车车辆在运行过程中与行人、机动车、非机动车、牲畜及其他障碍物相撞导致的事故；另一类是铁路机车车辆在运行过程中发生冲突、脱轨、火灾、爆炸等影响铁路正常行车的事故，包括影响铁路正常行车的相关作业过程中发生的事故。暂行规定只对前一类事故的调查处理作了规定。随着铁路运输管理的规范化和运输市场的开放，运输主体日趋多元化，对安全运输的要求也越来越高。为了加强对铁路运输安全的全面管理，本条例将这两类事故的调查处理都纳入了适用范围。

一、铁路机车车辆在运行过程中与行人、机动车、非

机动车、牲畜及其他障碍物相撞导致的事故

长期以来，这类事故在铁路系统称为“路外伤亡事故”，在铁路交通事故中占有较大比例。据统计，2001 ~ 2005 年全路发生路外伤亡事故 60037 件，伤亡 60643 人，其中死亡 40532 人、重伤 17015 人、轻伤 3096 人。

1. 从事故原因上来看，车辆抢越道口，在有人看守道口伤亡 250 人，占事故总伤亡人数的 0.4%；无人看守道口伤亡 2884 人，占事故总伤亡人数的 4.75%；行人抢越道口伤亡 417 人，占事故总伤亡人数的 0.68%；行人在铁路线路上行走坐卧伤亡 42748 人，占事故总伤亡人数的 70.4%；穿越站场伤亡 9592 人，占事故总伤亡人数的 15.8%；精神病、盲、聋、哑、瞎、残伤亡 873 人，占事故总伤亡人数的 1.4%；自杀伤亡 1549 人，占事故总伤亡人数的2.55%；爬车、钻车、跳车伤亡 1302 人，占事故总伤亡人数的 2.1%；员工过失伤亡 10 人，占事故总伤亡人数的 0.001%；其他伤亡 1047 人，占事故总伤亡人数的 1.7%。其中在线路上行走坐卧和穿越站场的伤亡人数占了 85% 以上。

2. 从事故发生的地点上来看，区间发生 44385 件，占事故总件数的 73.9%；站内发生 11621 件，占事故总件数的 17.4%；无人看守道口发生 3853 件，占事故总件数的 6.4%；有人看守道口发生 221 件，占事故总件数的 0.4%。

从以上分析可以看出，路外伤亡事故主要是铁路机车车辆在运行过程中与行人、机动车、非机动车、牲畜及其他障碍物相撞等情形产生的。铁路轨道运输的特性决定了禁止任何人在轨道上坐卧、行走，禁止擅自穿越道口。对此《中华人民共和国铁路法》、《中华人民共和国道路交通安全法》和《铁路运输安全保护条例》都有明确规定。《中华人民共和国铁路法》第五十条规定"禁止偷乘货车、攀附行进中的列车或者击打列车",第五十一条规定"禁止在铁路线路上行走、坐卧"。《中华人民共和国道路交通安全法》第四十六条规定"机动车通过铁路道口时,应当按照交通信号或者管理人员的指挥通行;没有交通信号或者管理人员的,应当减速或者停车,在确认安全后通过",第六十五条规定"行人通过铁路道口时,应当按照交通信号或者管理人员的指挥通行;没有交通信号和管理人员的,应当在确认无火车驶临后,迅速通过"。《铁路运输安全保护条例》第五十九条规定"禁止任何单位或者个人在铁路线路上行走、坐卧或者在未设平交道口、人行过道的铁路线路上通过以及钻车、扒车、跳车等危害铁路运输安全的行为"。这些规定对预防和减少事故发挥了积极作用。但是由于各种复杂原因,上述行为导致的事故仍然大量存在,需要进一步加强管理,落实安全防护措施,更需要进一步规范事故应急救援和调查处理工作,总结经验教训,防微杜渐,切实预防和减少人身伤亡和财产损失。因此,本条例将铁路机车车辆在运行中与行人、机动车、非机动车、牲畜及其他障碍物相撞发生的事故,也纳入"铁路交通事故"的范畴,对这类事故的应急救援和调查处理统一适用本条例的规定。

铁路机车车辆与行人、机动车、非机动车、牲畜及其他障碍物相撞是指铁路机车车辆在运行过程中与行人、机动车、非机动车、牲畜及其他障碍物直接发生正面、侧面碰刮、撞击。这里所指的"行人"是指在铁路线路上行走、停留的自然人(包括有关铁路作业人员)。“其他障碍物”,是指侵入铁路限界及线路,并影响铁路行车的动态及静态物体。

二、铁路机车车辆在运行过程中发生的冲突、脱轨、火灾、爆炸等影响铁路正常行车的事故

铁路机车车辆在运行过程中发生的冲突、脱轨、火灾、爆炸等影响铁路正常行车的事故,长期以来也被称为“铁路行车事故”,其处理主要是依据《铁路行车事故处理规则》。其中关于行车事故调查处理的规定,主要是从加强国家铁路管理的角度出发的,也就是说无论是在事故的调查处理方式,还是在事故调查主体方面,该规则的规定所体现的内容都属于“内部管理”的性质。如《铁路行车事故处理规则》关于适用范围规定“本规则适用于国家铁路企业和国家铁路企业参股并委托国家铁路企业经营的地方铁路。国家铁路企业的机车,车辆,客、货列车在地方铁路营运时发生的事故按本规则办理。地方铁路自营范围内的区段可比照本规则自行制定行车事故处理规则”。由此可见,《铁路行车事故处理规则》适用范围主要是国家铁路运输企业,而并非是对全国铁路运输行业进行统一规范,既有一定的政府管理职责,也包含了企业自身安全管理内容。《铁路行车事故处理规则》关于调查主体的规定中,也将铁路运输企业(铁路局)明确为事故的调查处理主体之一,导致了铁路局既当运动员,又当裁判员的问题。随着铁路投融资体制改革的进一步深入,多种投资主体进入铁路市场投资建设并参与铁路经营,出现了大量的合资铁路、地方铁路以及其他投资主体多元化的铁路公司。为了适应铁路改革发展的需要,推进铁路运输安全管理领域依法行政,强化安全监管的行业管理职能,有必要对事故调查处理方式和主体进行调整。据此,本条例将所有的行车事故与路外伤亡事故统一纳入其调整范围,将事故的调查处理明确为国务院铁路主管部门、铁路管理机构以及有关政府部门的职责,体现了全行业管理的特点。

理解这类铁路交通事故,应当清晰认识各种情形的具体内涵:

(一)铁路机车车辆的概念。铁路机车车辆是构成铁路交通事故的主体条件,包括各类铁路机车、客车、货车、动车、动车组以及在铁路轨道上运行的各类自轮运转特种设备,如轨道车、大型养路机械、救援列车等。

(二)"运行过程中"的概念。这里的"运行过程中",是指铁路机车车辆运行的全过程,也包括在其运行中的停车状态。

(三)"影响铁路正常行车"的概念。这里的"影响铁路正常行车",是指影响列车按铁路运行图正常行车,导致中断行车、列车临时停车、列车延误晚点或列车停运、合并、保留、影响调车作业等情形。

(四)铁路交通事故中的"冲突"概念。这里的"冲突",是指铁路机车车辆互相间或与设备(如车库、站台、车挡等)、轻行车辆发生冲撞致使机车、车辆、动车组、自轮运转特种设备以及车库、站台车挡等破损。

在列车运行中由于人为失职或设备不良等原因,将车辆挤坏或拉坏构成中破及以上程度,或在调车作业中由于人为失职或设备不良等原因,将车辆挤坏或拉坏构成大破及以上程度,亦按"冲突"论。

由于机车车辆冲撞造成货物窜动将车辆挤坏时，算冲突，并根据所造成的后果，确定事故等级。

（五）铁路交通事故中的“脱轨”概念。这里的“脱轨”，是指铁路机车车辆在运行过程中，车轮落下轨面或者车轮轮缘顶部高于轨面（因作业需要的除外）。包括脱轨后又自行复轨。

（六）铁路交通事故中的“火灾”概念。这里的“火灾”，是指铁路机车车辆在运行中起火造成行车设备破损，影响铁路正常行车或导致人员伤亡、货物及行包烧毁等情形。

（七）铁路交通事故中的“爆炸”概念。这里的“爆炸”，是指铁路机车车辆在运行过程中发生爆炸，造成人员伤亡，机车车辆设备损坏、变形，直接影响铁路正常行车的情形。

第三条　国务院铁路主管部门应当加强铁路运输安全监督管理，建立健全事故应急救援和调查处理的各项制度，按照国家规定的权限和程序，负责组织、指挥、协调事故的应急救援和调查处理工作。

【释义】　本条是关于国务院铁路主管部门在铁路交通事故应急救援和调查处理方面有关职责的规定。

一、国务院铁路主管部门对铁路运输安全监管的职责

按照《中华人民共和国铁路法》的规定，国务院铁路主管部门主管全国铁路工作，是铁路行业主管部门。第三条规定“国务院铁路主管部门主管全国铁路工作，对国家铁路实行高度集中、统一指挥的管理体制，对地方铁路、专用铁路和铁路专用线进行指导、协调、监督和帮助”。按照《铁路运输安全保护条例》的规定，国务院铁路主管部门负责全国的铁路运输安全监督管理工作。第四条规定“国务院铁路主管部门负责全国的铁路运输安全监管管理工作”。国务院“三定方案”关于铁道部对铁路运输安全的监督管理职责也作了明确，规定：拟订铁路行车安全法规、制度并进行监督检查；管理劳动安全、锅炉压力容器安全和劳动保护工作。为做好铁路运输安全工作，落实上述职责，铁道部建立了一系列的安全管理制度和监管机制，对铁路运输安全进行全方位、多层次、多角度的监管，使铁路运输安全形势始终保持平稳的良好势头。本条例发布实施后，由于事故调查处理方式将发生较大变化，国务院铁路主管部门需要对有关制度进行全面清理，与条例规定不一致的，要进行修改或者废止；对本条例作出的新规定新制度，要尽快研究制定新的实施细则。加强铁路运输安全管理，要坚持“安全第一，预防为主、综合治理”的方针，既包括事前防范，督促铁路运输企业及相关单位落实安全管理制度，也包括事故发生后依法追究责任，督促落实整改措施，防止事故的发生。

二、建立健全铁路交通事故应急救援和调查处理的各项制度

本条例对铁路交通事故等级分类及标准、事故报告、事故应急救援、事故调查主体及程序、事故赔偿以及事故责任追究等方面作了全面规范。国务院铁路主管部门、铁路管理机构、铁路运输企业及有关部门应当根据本条例的规定进一步修改完善有关铁路交通事故的应急救援和调查处理制度。国务院铁路主管部门应该根据本条例的规定，对原有的规章、规范性文件等进行全面清理，该修改的立即组织修改，该废止的要坚决废止。同时还要新制定一批配套文件，对相关的管理制度、工作机制、办事程序等都要依据本条例规定进行必要的调整、补充、细化完善，以确保本条例贯彻落实到位。

三、按照国家规定的权限和程序，负责组织、指挥、协调铁路交通事故的应急救援和调查处理工作

按照依法行政的要求，国务院铁路主管部门组织、指挥、协调铁路交通事故的应急救援和调查处理工作应当依法定职责进行。依照《生产安全事故报告和调查处理条例》和本条例的规定，特别重大铁路交通事故的处理权限在国务院或者国务院授权的部门。重大铁路交通事故的救援和处理权限在国务院铁路主管部门。较大和一般铁路交通事故的救援和处理权限在事故发生地铁路管理机构；但国务院铁路主管部门认为必要时，也可以直接组织事故调查组对较大和一般铁路交通事故进行调查。也就是说，发生重大铁路交通事故由国务院铁路主管部门组织调查处理。发生较大和一般铁路交通事故由事故发生地铁路管理机构组织调查处理是一般性原则。而国务院铁路主管部门认为必要时，直接组织事故调查组对较大和一般铁路交通事故进行调查处理，则是特殊性原则。由此可见，对重大及较大、一般铁路交通事故，国务院铁路主管部门均有应急救援和调查处理的权限。关于国家规定的程序，按照《生产安全事故报告和调查处理条例》和本条例的规定，事故发生后，要经过报告、应急救援、调查处理、责任认定等程序。据此，发生铁路交通事故后，国务院铁路主管部门就要按照国家规定的权限和程序，及时组织、指挥、协调铁路交通事故的应急救援和调查处理工作。

第四条 铁路管理机构应当加强日常的铁路运输安全监督检查，指导、督促铁路运输企业落实事故应急救援的各项规定，按照规定的权限和程序，组织、参与、协调本辖区内事故的应急救援和调查处理工作。

【释义】 本条是关于铁路管理机构在日常铁路运输安全监督检查以及铁路交通事故应急救援和调查处理中职责的规定。

一、加强日常铁路运输安全监督检查

铁路管理机构是依据《铁路运输安全保护条例》设立的。《铁路运输安全保护条例》第四条规定“国务院铁路主管部门负责全国的铁路运输安全监督管理工作。国务院铁路主管部门设立的铁路管理机构负责本区域内的铁路运输安全监督管理工作”。

按照《铁路运输安全保护条例》的规定，铁路管理机构具体负有以下三个方面的监管职责：一是，对有关铁路安全的法律、法规执行情况进行监督检查；二是，有权监督、制止各种侵占、损坏铁路运输设施、设备、标志、用地等行为；三是，对铁路运输高峰时期的运输安全的监督检查，对铁路运输的关键环节、要害设施、设备的安全状况以及安全运输突发事件应急预案的建立和落实情况的监督检查。四是作为行政许可实施主体，依据《铁路运输安全保护条例》授权对行政许可项目进行审查，决定批准或不批准。五是作为行政执法主体行使条例规定的处罚权。按照有关规定，“铁路管理机构”指的就是现行体制下的铁路局。之所以作出这样的规定，首先，是考虑到铁路现行体制下运输安全监督管理的实际需要。现行体制下，铁道部只有一级行政管理机关，大量的日常安全监督管理工作主要由铁路局承担。这与我国民航、交通、电力、电信等行业的多级行政管理架构特点不同。如果把铁路局目前承担的安全监管工作交由其他机构承担，在机构人员上难以满足需要，难以确保《铁路运输安全保护条例》规定的各项重要制度落到实处；对现行有效的铁路安全监管体系也会带来较大影响，增加了铁路局与其他机构的协调难度，不利于维护铁路运输安全的稳定大局。其次，从铁路政企分开的改革方向上看，设立铁路管理机构符合未来铁路安全监管体制发展需要，也符合改革的大方向。在现体制下，虽然铁路管理机构就是铁路局，但根据《铁路运输安全保护条例》的授权，根据《铁路管理机构运输安全监督管理管辖范围》、《关于加挂铁路安全监督管理办公室牌子及刻相关印章的通知》、《铁路运输安全行政执法人员管理办法》对铁路管理机构的职责规定，铁路管理机构是一级铁路运输安全管理的机构，负责本机构管辖范围内的铁路运输安全监管工作。为此，铁路管理机构进行日常的铁路运输安全监督检查，就是要落实好上述职责规定，最大限度地减少事故发生。本条例实施后，铁路管理机构还应当加强对事故发生单位落实整改措施情况的监督检查。

二、指导、督促铁路运输企业落实应急救援的各项规定

近年来，根据《国务院关于实施国家突发公共事件总体应急预案的决定》要求，铁道部、铁路管理机构以及各铁路运输企业相继制定发布了一系列的应急预案，为铁路处置突发公共事件奠定了坚实的基础。《铁路运输安全保护条例》第八条对此专门作了规定："国务院铁路主管部门及铁路管理机构应当对突发公共卫生事件、突发铁路治安事件、重大自然灾害及火灾事故、重大铁路运输安全事故及其他影响铁路运输安全、畅通的突发性事件，制定应急预案。"本条例也对铁路运输企业在铁路交通事故中的应急救援职责作出了具体要求，第六条规定："事故发生后，铁路运输企业和其他有关单位应当及时、准确地报告事故情况，积极开展救援工作，减少人员伤亡和财产损失，尽快恢复铁路正常行车"。第十八条规定："事故发生后，列车司机或者运转车长应当立即停车，采取紧急处置措施；对无法处置的，应当立即报告邻近铁路车站、列车调度员进行处置。为保障铁路旅客安全或者因特殊运输需要不宜停车的，可以不停车；但是列车司机或者运转车长应当立即将事故情况报告邻近铁路车站、列车调度员，接到报告的邻近铁路车站、列车调度员应当立即进行处置。"第十九条规定："事故中断铁路行车的，铁路运输企业应当立即组织抢修，尽快恢复铁路正常行车；必要时，铁路运输调度指挥部门应当调整运输径路，减少事故影响。"这些应急救援规定的落实，既需要铁路运输企业积极启动应急预案，也需要铁路管理机构予以指导、督促，保证各项应急救援措施能落实到位，尽快恢复列车正常运行，减少人员伤亡和财产损失，减少铁路交通事故对路网运行和社会经济的影响。

三、按照规定的权限和程序，组织、参与、协调本辖区内事故的应急救援和调查处理工作

按照本条例的规定，铁路管理机构在铁路交通事故应急救援和调查处理中的职责，根据其管辖范围和事故等级的不同情况，有相对应的管理权限和工作程序。

一是，组织事故的应急救援和调查处理。这种情形主要是发生在本辖区内的较大事故、一般事故的应急救援和调查处理中。本条例规定，事故发生后，国务院铁路主管部门或者铁路管理机构应当启动应急预案；必要时，成立现场应急救援机构。启动应急救援的具体权限和程序，应当按照国务院制定的相关应急预案执行。本条例还规定，较大和一般的铁路交通事故由事故发生地的铁路管理机构组织事故调查组进行调查。

二是，参与事故的应急救援和调查处理。这种情形主要是在发生特别重大事故、重大事故的调查中，以及国务院铁路主管部门组织调查或者其他铁路管理机构组织调查但涉及本机构的较大事故和一般事故的调查处理中。本条例规定，特别重大事故由国务院或者国务院授权部门组织事故调查组进行调查。重大事故由国务院铁路主管部门组织事故调查组进行调查。较大事故和一般事故由事故发生地铁路管理机构组织事故调查组进行调查；国务院铁路主管部门认为必要时，可以组织事故调查组对较大事故和一般事故进行调查。据此规定，当国务院、国务院授权部门或者国务院铁路主管部门组织事故调查时，铁路管理机构不是事故调查组的组织主体。若事故涉及本辖区，铁路管理机构在事故调查中的作用是参与。

三是，协调事故的应急救援和调查处理。这主要是指与事故发生地地方人民政府的协调、与事故发生单位的协调、与部队的协调以及与有关事故调查单位的协调等。事故发生地的铁路管理机构，应当做好相关的协调工作。不是事故发生地的铁路管理机构，根据事故应急救援和调查处理的需要及铁道部的要求，也有可能参与协调有关事故应急救援和调查处理的事项。

第五条　国务院其他有关部门和有关地方人民政府应当按照各自的职责和分工，组织、参与事故的应急救援和调查处理工作。

【释义】 本条是关于国务院其他有关部门和地方人民政府在铁路交通事故应急救援和调查处理工作中职责的规定。

一、国务院其他有关部门在事故应急救援和调查处理工作中的职责

铁路交通事故的应急救援和调查处理是一项时间要求紧、处理难度大、涉及面较广的工作，做好这项工作不仅需要国务院铁路主管部门、铁路管理机构的精心组织，也离不开国务院其他有关部门的支持配合。根据《国家处置铁路行车事故应急预案》和本条例的规定，铁路交通事故的应急救援和调查处理工作，还涉及安全生产监督管理部门、公安、检察机关以及卫生、新闻、外交、港澳台事务等部门。根据《中华人民共和国安全生产法》的规定和国务院部门的职责分工，国家安全生产监督管理部门对全国安全生产实施综合监督管理，对铁路交通事故的应急救援和调查处理也担负有综合监管和指导、协调处理的职责。国务院行政监察部门，是全国行政监察机关，负责全国行政监察工作，在铁路交通事故的应急救援和调查处理中，负有对行政机关履行职责的情况实施监督检查的职能，这是保证有关行政机关及其工作人员正确履行职责，正确处理事故应急救援和调查处理工作的重要保证。根据《国家处置铁路行车事故应急预案》的规定，卫生部负责协调事故伤员的医疗救护和事故现场的有关防疫工作；公安部负责维护事故发生地社会秩序，依法打击组织盗窃铁路物资、破坏铁路设施的违法犯罪活动，协助组织群众从危险地区安全撤离，依法对事发地区道路交通实施交通管制，负责组织、协调、指挥火灾事故灭火救援工作，负责消防力量、资源的统一调配。安全监管总局参与指挥、指导、协调有关应急救援工作。为了充分发挥各有关部门的积极作用，本条例对有关部门在铁路交通事故调查处理中的职责也作出明确规定，例如第二十六条第四款规定："根据事故的具体情况，事故调查组由有关人民政府、公安机关、安全生产监督管理部门、监察机关等单位派人组成，并应当邀请人民检察院派人参加。"为此，本条对国务院其他有关部门组织、参与铁路交通事故应急救援和调查处理工作的职责作出了原则性规定。

二、有关地方人民政府在事故应急救援和调查处理中职责的规定

根据《国家突发公共事件总体应急预案》对突发公共事件实行"分类管理、分级负责、条块结合、属地管理为主"的工作原则，铁路交通事故的应急救援和调查处理，也是地方人民政府的一项重要职责。特别是一些涉及沿线单位和群众的铁路交通事故，应急救援中更是离不开地方政府支持和配合。

根据本条例规定，有关地方人民政府在铁路交通事故的应急救援和调查处理工作中，主要有下列三个方面的职责：一是，参与应急救援的职责。例如，本条例第二十条中规定，铁路交通事故发生后，事故发生地县级以上地方人民政府应当根据事故等级启动相应的应急预案，必要时，成立现场应急救援机构。二是，紧急转移、救治和安置铁路旅客和沿线居民的职责。本条例第二十二条规定，事故造成重大人员伤亡或者需要紧急转移、安置铁路旅客和沿线居民的，事故发生地县级以上地方人民政府应当及时组织开展救治和转移、安置工作。三是，请求救援支援的职责。本条例第二十三条中规定，事故发生地县级以上地方人民政府根据事故救援的实际需要，可以请求当地驻军、武装警察部队参与事故救援。四是，参与事故调查。本条例第二十六条规定，根据事故的具体情况，事故调查组由有关人民政府、公安机关、安全生产监督管理部门、监察机关等单位派人组成，并应当邀请人民检察院派人参加。为充分发挥地方人民政府在铁路交通事故应急救援和调查处理工作中的作用，使上述职责能够落实到位，本条进一步强调了地方人民政府履行职责，做好铁路交通事故应急救援和调查处理工作的要求。

第六条　铁路运输企业和其他有关单位、个人应当遵守铁路运输安全管理的各项规定，防止和避免事故的发生。

事故发生后，铁路运输企业和其他有关单位应当及时、准确地报告事故情况，积极开展应急救援工作，减少人员伤亡和财产损失，尽快恢复铁路正常行车。

【释义】 **本条是关于铁路运输企业及有关单位、个人遵守安全管理规定、事故报告要求和积极开展应急救援义务的规定。**

一、安全管理义务

铁路运输是一种依赖于轨道的交通方式，一旦发生事故可能会中断列车的正常运行，造成线路堵塞，甚至导致全国铁路运输网络秩序的混乱，给社会经济和人民群众的生产生活造成重大影响。预防和减少事故的发生是铁路运输安全管理的首要原则，这就要求铁路运输企业及其相关单位要坚持“安全第一、预防为主、综合治理”的安全生产方针，坚决落实有关的安全管理职责，最大限度地减少事故的发生。

（一）铁路运输企业的安全管理义务。

根据《中华人民共和国铁路法》、《铁路运输安全保护条例》的有关规定，铁路运输企业在日常安全管理中主要承担以下义务：

一是保证铁路运输设施完好的义务。《中华人民共和国铁路法》第四十二条规定：“铁路运输企业必须加强对铁路的管理和保护，定期检查、维修铁路运输设施，保证铁路设施完好，保障旅客和货物运输安全。”《铁路运输安全保护条例》第十三条规定：“铁路运输企业的安全生产管理人员应当对铁路线路进行经常性巡查和维护。对巡查中发现的安全问题，应当立即处理；不能处理的，应当及时报告本企业有关负责人。”第四十一条还规定：“铁路运输企业应当建立、健全并严格执行铁路运输设施、设备安全管理的检查防护的规章制度，加强对铁路运输设施、设备的检测、维修，对不符合安全要求的应当及时更换,确保铁路运输的设施、设备性能完好和安全运行。”

二是建立健全安全生产管理制度的职责。《铁路运输安全保护条例》第七条规定:“铁路运输企业应当加强铁路运输安全管理,建立、健全安全生产管理制度。”

三是机构和资金保障职责。《铁路运输安全保护条例》第七条规定:“铁路运输企业应当设置安全管理机构,保证铁路运输安全所必需的资金投入。”

四是建立完善相关安全保护设施的职责。《铁路运输安全保护条例》第十条规定:“铁路运输企业应当在铁路线路安全保护区边界设立标桩,并根据需要设置围墙、栅栏等防护设施。”

五是建立应急预案的职责。《铁路运输安全保护条例》第八条规定:“铁路运输企业应当按照国家有关规定,建立、健全本企业的应急预案,明确应急指挥、救援等事项。”

六是对从业人员培训教育的职责。《铁路运输安全保护条例》第四十三条规定:“铁路运输企业应当加强对从业人员的安全教育和培训。铁路运输企业的从业人员应当严格按照国家规定的操作规程,使用、管理铁路运输的设施、设备。”

七是安全检查职责。《铁路运输安全保护条例》第四十六条规定:“铁路运输企业应当按照法律、行政法规和国务院铁路主管部门的规定,对旅客携带物品和托运的行李进行安全检查。”

八是信息安全管理职责。《铁路运输安全保护条例》第四十五条规定:“铁路运输企业应当使用国务院铁路主管部门认定的符合国家安全技术标准的铁路运输管理信息系统，并配备专门的安全管理人员，负责系统安全保护工作。”

九是信息公告职责。《铁路运输安全保护条例》第四十四条规定：“铁路运输企业应当将有关旅客、列车工作人员及其他进入车站的人员遵守的安全管理规定在列车内、车站等场所公告。”

除了上述法律、行政法规规定的职责以外，铁路运输企业的安全管理职责也包括铁路运输安全管理的规章、规范性文件及有关运输安全管理的技术规范和技术标准规定的其他职责。

（二）相关单位和个人保护铁路运输安全的义务。

其他有关单位是指与铁路运输活动有关的单位，如运输设施设备的制造方、铁路线路的建设方等与铁路运输活动相关的单位。个人是指与铁路交通事故有关联的自然人。铁路运输安全保护涉及面广，做好这项工作不仅需要铁路运输企业切实履行安全管理的职责，也需要相关单位和个人的积极参与，履行义务。

一是，有关铁路运输设施设备生产单位的义务。铁路运输设施设备的质量安全管理是铁路安全管理的源头性、基础性工作。《铁路运输安全保护条例》从保证铁路运输设施设备质量合格的角度出发，对铁路运输中的关键性设施设备，如机车车辆的设计、生产、维修、进口，铁路道岔及其转辙设备、铁路通信信号控制软件及控制设备、铁路牵引供电设备以及其他直接关系铁路运输安全的铁路专用设备、器材、工具和安全检测设备，设立了行政许可、强制认证、使用验收以及检验检测等多项制度，有关的生产、检验单位必须严格遵守有关法律的规定，依法申请许可、检测和认证,确保产品质量安全。

二是,有关铁路建设单位的义务。参与铁路建设、维修的建筑勘察、设计、施工、监理等单位,除了要严格遵守有关的建筑法律法规以外,还必须遵守铁路安全管理的各项规则,如有关“天窗修”的规定等。

三是铁路沿线单位和个人的保护义务。铁路沿线单位和个人遵守有关铁路运输安全管理的法律法规,提高保护铁路运输安全的意识,是预防和减少铁路交通事故的重要因素。如在护路联防方面,《铁路运输安全保护条例》第五条规定“有关单位应当加强铁路运输安全教育,落实护路联防责任制,防范和制止危害铁路运输安全的行为”。护路联防责任制是多年来发动沿线单位和广大人民群众,共同保护铁路运输安全的重要制度,具有强大的生命力,在地方人民政府的领导下,铁路沿线各单位和人员有责任参与保护铁路运输安全的工作,也只有充分发挥铁路沿线单位和广大人民群众的积极性和重要作用,铁路运输安全才有坚实的群众基础,预防和减少铁路交通事故的目的才有可能达到。又如在保护铁路沿线设施设备方面,《中华人民共和国铁路法》第四十九条规定“对损毁、移动铁路信号装置及其他行车设备或者在铁路线路上放置障碍物的,铁路职工有权制止,可以扭送公安机关处理”。《铁路运输安全保护条例》第九条规定“任何单位和个人不得破坏、损坏或者非法占用铁路运输设施、设备、铁路标志及铁路用地”。再如保护铁路沿线安全的规定。《中华人民共和国铁路法》第五十一条规定“禁止在铁路线路上行走、坐卧”。《铁路运输安全保护条例》第十一条规定“在铁路线路安全保护区内,除必要的铁路施工、作业、抢险活动外,任何单位和个人不得实施下列行为:(一)建造建筑物、构筑物;取土、挖砂、挖沟。(二)采空作业;堆放、悬挂物品。(三)任何单位和个人不得在铁路线路安全保护区内烧荒、放养牲畜、种植影响铁路线路安全和行车瞭望的树木等植物。(四)任何单位和个人不得向铁路线路安全保护区排污、排水、倾倒垃圾及其他有害物质”。该条例还规定“任何单位不得进入国家规定的铁路建筑接近限界,不得在规定的区域内采砂、围垦造田、抽取地下水、拦河筑坝、架设浮桥及修建其他影响或者危害铁路桥安全的设施,不得在规定区域内建造、设立生产、加工、储存和销售易燃、易爆或者放射性物品等危险物品场所、仓库,不得在规定区域内从事采矿、采石及爆破作业等”。

二、事故发生后的报告、救援义务

一旦发生事故,积极抢救受伤人员,尽快恢复列车正常运行,减少因中断行车导致的损失,保证铁路运输安全和畅通是铁路运输企业及有关单位开展救援和调查工作的首要任务。根据本条规定,事故发生后,铁路运输企业和其他有关单位应当及时、准确地报告事故情况,积极开展救援工作。

(一)铁路运输企业的报告、救援义务。根据本条例的规定,铁路交通事故发生后,铁路运输企业的报告、救援职责主要包括以下几个方面:

一是,及时准确报告事故情况。铁路交通事故发生后,报告事故情况要及时、准确。也就是说,事故发生后要马上报告,而不能随意拖延;报告的事故信息要准确,而不能捕风捉影,误报信息;事故报告要包括事故地点、时间、伤亡、机车车辆脱轨辆数、行车设备损失情况以及是否需要救援等主要情况，报告情况尽可能详细完整。根据本条例第十四条的规定“事故发生后，事故现场的铁路运输企业工作人员及其他人员应当立即报告邻近铁路车站、列车调度员或者公安机关。有关单位和人员接到报告后，应当立即将事故情况报告事故发生地铁路管理机构”。报告事故应当包括以下内容：事故发生的时间、地点、区间(线名、公里、米)、事故相关单位和人员；发生事故的列车种类、车次、部位、计长、机车型号、牵引辆数、吨数；承运旅客人数或者货物品名、装载情况；人员伤亡情况，机车车辆、线路设施、道路车辆的损坏情况，对铁路行车的影响情况；事故原因的初步判断；事故发生后采取的措施及事故控制情况；具体救援请求。事故报告后出现新情况的，应当及时补报。

二是，积极组织救援。根据本条例第十八条规定“事故发生后，列车司机或者运转车长应当立即停车，采取紧急处置措施；对无法处置的，应当立即报告邻近铁路车站、列车调度员进行处置。为保障铁路旅客安全或者因特殊需要不宜停车的，列车司机或者运转车长可以不停车，但是列车司机或者运转车长应当立即将事故情况报告邻近铁路车站、列车调度员，接到报告的邻近铁路车站、列车调度员应当立即进行处置”。第十九条规定“事故造成中断铁路行车的，铁路运输企业应当立即组织抢修，尽快恢复铁路正常行车；必要时，铁路运输调度指挥部门应当调整运输径路，减少事故影响”。第二十条规定“事故发生后，铁路运输企业应当根据事故等级启动相应的应急预案；必要时，成立现场应急救援机构”。第二十条规定“现场应急救援机构根据铁路交通事故应急救援工作的实际需要，可以借用有关单位和个人的设施、设备、物资等开展铁路交通事故应急救援”。

（二）有关单位的事故报告、救援职责。

这里所指的“有关单位”主要是指与事故发生以及与事故救援有密切关系的单位，如铁路交通事故中除铁路运输企业之外的另一方（或多方）当事单位和参与应急救援的沿线单位、公安机关、驻军和人民武装警察。根据本条例的规定，这些有关单位的职责主要是，将事故情况报告事故发生地的铁路管理机构，积极支持、配合救援工作，维护事故现场秩序，根据请求参与事故救援等。

铁路运输企业和其他有关单位、个人，必须遵守铁路运输安全管理的各项规定。这不仅是对铁路运输企业全体人员在法律上的约束性规定，同时也是全社会公民的义务性规定，其目的就是保证和维护铁路正常运输秩序，保证铁路大动脉的畅通，保护国家利益和广大人民群众生命财产不受损失。

铁路运输企业、其他有关单位和自然人，在自觉遵守铁路运输安全管理各项规定的同时，还应当自觉维护铁路运输安全秩序和铁路治安，对突发事件和危及铁路运输安全的破坏犯罪行为，应当采取积极防护和制止措施；禁止损害铁路机车车辆和铁路线路、桥梁、隧道、供电、通信、信号等基础设备设施，防止和避免铁路交通事故的发生。

第七条　任何单位和个人不得干扰、阻碍事故应急救援、铁路线路开通、列车运行和事故调查处理。

【释义】 **本条是关于事故应急救援和调查处理不受干扰阻碍的规定。**

一、不得干涉和阻碍事故应急救援、铁路线路开通和列车运行

依照本条例规定，铁路交通事故发生后，国务院铁路主管部门、铁路管理机构、铁路运输企业以及有关地方人民政府应当及时开展应急救援工作，这是对事故应急救援的总体要求，有关单位和个人必须按照这个总体要求组织或者参与事故应急救援。为了切实达到这个要求，本条进一步明确任何单位和个人不得干扰、阻碍事故应急救援。

所谓干扰、阻碍事故应急救援，既包括不允许或阻挡、妨碍有关单位救治伤员、抢修线路和开通列车，不支持或阻碍有关单位开展救援工作，也包括为救援工作设置障碍或不配合等情形，具体表现为强制命令、威逼利诱、打骂救援人员以及在线路上设立障碍物、破坏事故现场、拦截列车开行等，这些行为可能是明示，也可能是暗示或者授意别人进行。为了保证事故得到及时救援，减少人员伤亡和财产损失，尽快恢复列车正常运行，明确规定任何单位和个人不得扰乱、阻碍事故应急救援、铁路线路开通、列车运行是非常必要的。这是一项严格的禁止性规范，违反该规定，应当依法承担相应法律的责任。这一要求也是《中华人民共和国铁路法》所明确规定的。

二、不得干扰、阻碍对事故的依法调查处理

事故发生后，有关部门应当依照本条例以及其他法律、行政法规的规定及时进行调查处理。依照本条例的规定，特别重大事故由国务院或者国务院授权部门组织事故调查组进行调查，重大事故由国务院铁路主管部门组织事故调查组进行调查，较大事故和一般事故由铁路管理机构组织事故调查。国务院铁路主管部门认为必要时，可以直接组织事故调查组对较大事故、一般事故进行调查。

依法进行事故调查处理，对于查明事故原因，明确事故责任，落实事故责任追究，总结事故经验教训，完善事故防范措施，防止事故再次发生，具有十分重要的意义，是铁路运输安全工作中不可或缺的环节。为了保证事故调查处理的顺利进行，必须从制度上排除一切干扰和阻力。因此，本条明确任何单位和个人不得干扰、阻碍事故的调查处理。

按照本条例规定，不管是行政机关工作人员，还是事故的当事各方都不得干扰和阻碍事故的依法调查处理。实践中，干扰、阻碍事故调查处理的情形可能有多种。如，在事故调查组组成过程中干扰、阻碍事故调查组的组成；在事故调查中干扰、阻碍事故调查组的工作，包括故意破坏事故现场或者转移、隐匿证据，打骂、威胁调查组工作人员，无正当理由拒绝接受事故调查组的询问或者拒绝提供有关情况和资料或者作伪证、提供虚假情况等。在事故认定中干扰、阻碍事故性质或者事故责任的确定；在事故处理中干扰、阻碍对有关事故责任人员的处理等。对干扰、阻碍依法调查处理事故的单位和个人，必须依法严肃处理。构成犯罪的，依法追究刑事责任；不构成犯罪的，依法给予行政处罚或者处分。

需要强调的是，如果事故调查处理不合法，比如事故调查组的组成不合法，事故调查的程序不合法，对事故责任人的处理不符合法律规定等，有关方面可以提出意见，有关机关也应当要求纠正。这些都不属于干扰、阻碍对事故的依法调查处理范畴。

第二章 事故等级

本章共六条，将铁路交通事故等级划分为四类，这与之前实行的铁路行车事故、路外伤亡事故和铁路从业人员伤亡事故的分类有很大不同。为重点突出铁路交通事故等级的特殊性，本条例将铁路交通事故的等级单独列为一章，进行明确和规范。按照本条例第二条构成铁路交通事故的基本条件和适用范围，规定铁路交通事故的等级分为特别重大事故、重大事故、较大事故、一般事故。关于事故等级划分的具体标准符合国家关于事故等级划分的一般标准，同时增加了列车脱轨辆数和中断铁路行车等作为事故等级划分标准的特殊性情形的规定。

第八条　根据事故造成的人员伤亡、直接经济损失、列车脱轨辆数、中断铁路行车时间等情形，事故等级分为特别重大事故、重大事故、较大事故和一般事故。

【释义】　本条是关于铁路交通事故等级划分标准的一般性规定。

事故等级的划分是一项十分重要的基础性工作，直接关系到事故报告、应急预案启动的响应级别、事故调查组的组成以及事故责任的追究。本条是在《生产安全事故报告和调查处理条例》和《国家处置突发公共事件总体应急预案》关于事故等级划分的基础上，结合铁路交通事故的特点,对铁路交通事故等级分类及其标准作出的一般性规定。

一、划分铁路交通事故等级的情形

《生产安全事故报告和调查处理条例》和《国家处置突发公共事件总体应急预案》规定划分事故等级主要是依据人员伤亡和直接经济损失两种情形。本条例考虑到铁路交通事故发生后,列车脱轨辆数是最直接、最容易立刻判明事故等级的,至于中断铁路行车时间的长短,是直接影响铁路网络运输秩序,是铁路交通事故中最为明显的重要特征,所以在对铁路交通事故等级进行规定时,将列车脱轨辆数和中断行车时间也列为划分事故等级的标准。这样规定,一是有利于迅速对事故等级作出判定,启动相应应急救援和调查处理程序;二是有利于促使有关部门及时组织救援,尽快恢复铁路行车秩序;三是有利于体现铁路行业特点,促进铁路部门对安全重点工作的防范等。为此,本条规定,铁路交通事故等级的划分标准主要包括人员伤亡、直接经济损失、列车脱轨辆数、中断铁路行车时间四种情形。

(一)人员伤亡。

从实践来看,人员伤亡应当包括以下情形:发生事故造成的铁路作业人员的伤亡;持有效乘车凭证的人员(包括享受免费乘车待遇的儿童)的伤亡;铁路机车车辆运行和调车作业中撞轧行人或与其他道路车辆碰撞造成的人员伤亡;急性工业中毒及其他事故中造成的人员伤亡。人员伤亡不包括在事故抢险和救援中伤亡的人员。

(二)直接经济损失。

从实践来看,直接经济损失主要包括机车、车辆、线路、桥隧、通信、信号、供电、信息、安全、给水等技术设备损失费用及事故救援、伤亡人员（不含人身保险赔偿）处理费用及中断铁路行车的损失。还包括其他固定资产（事故造成相关的建筑物、设备等）和流动资产（事故造成相关货物、包裹等）的损失。

（三）中断铁路行车时间。

是指铁路区间或站内发生事故，造成铁路单线、双线区间或双线区间之一线不能行车的情形。中断行车的时间，由事故发生时间起（列车火灾或爆炸由停车时间算起）至实际恢复连续通行客货列车行车条件的时间止。

恢复连续通行客货列车行车条件的时间，以事故现场实际的开通时间为准。

施工封锁区间发生冲突或脱轨的行车中断时间，从事故发生前原计划开通的时间起计算。

线路修复后如需进行试运转的，以试运转完了的时间作为线路开通的时间。如试运转后不能通车需要继续整修时，以线路实际达到连续通行客货列车行车条件时为线路开通的时间。破损的机车、车辆没有移开线路而影响行车时，不能作为线路开通。

电气化区段，用救援吊车进行救援起复，必须拆装接触网时，按实际中断行车时间，扣除 90 分钟确定事故性质。如接触网没有送电，改由内燃机车牵引运行时，不扣除 90 分钟。

如列车能在站内其他线通行，又回到原正线上进入区间的，不属于中断。

救援列车停留地点距离事故发生地点超过 100km 时，每增加 40km，按实际中断行车时间扣除 30 分钟确定事故性质。

（四）列车脱轨辆数，包括列车中机车和每个车辆，或动车组、自轮运转设备（包括拖车），只要有1个车轮脱轨，即按1辆计算。

铁路交通事故分为特别重大事故、重大事故、较大事故、一般事故四个等级，虽然与《生产安全事故报告和调查处理条例》中确定的四类事故等级一致，但却与一般性生产安全事故等级的具体标准有一定差别，在实际处理铁路交通事故中，一定要注意区分和把握这一点。

二、铁路交通事故等级划分的具体标准

《生产安全事故报告和调查处理条例》和《国家突发公共事件总体应急预案》对事故等级划分为特别重大事故、重大事故、较大事故和一般事故四类。在长期的运输生产实践中，铁路也形成了一套比较完整的安全管理规章制度。在事故分类方面，原《铁路行车事故处理规则》根据事故的性质、损失及对行车造成的影响，将铁路行车事故分为五类：特别重大事故、重大事故、大事故、险性事故和一般事故。为了保持与《国家突发公共事件总体应急预案》和《生产安全事故报告和调查处理条例》中关于事故分类的规定相统一，便于事故报告、启动应急预案、事故调查以及事故统计，结合铁路交通事故的特殊性，根据事故造成的人员伤亡、直接经济损失、列车脱轨辆数和中断铁路行车时间，本条例将铁路交通事故确定为四类。第九条、第十条、第十一条、第十二条分别对特别重大事故、重大事故、较大事故、一般事故的具体划分标准作出了规定。

第九条　有下列情形之一的，为特别重大事故：

（一）造成30人以上死亡，或者100人以上重伤（包括急性工业中毒，下同），或者1亿元以上直接经济损失的；

（二）繁忙干线客运列车脱轨18辆以上并中断铁路行车48小时以上的；

（三）繁忙干线货运列车脱轨60辆以上并中断铁路行车48小时以上的。

【释义】　本条是关于特别重大铁路交通事故划分标准的规定。

我国关于事故等级的划分有一个逐步规范完善的过程。1989年国务院发布了《特别重大事故调查程序暂行规定》，其中对特别重大事故是这样规定的："特别重大事故，是指造成特别重大人身伤亡或者巨大经济损失以及性质特别严重、产生重大影响的事故。"为了便于掌握和实际操作，劳动部于1990年发布了《〈特别重大事故调查程序暂行规定〉有关条文解释》，对特别重大事故作出了量化性的解释：（1）民航客机发生的机毁人亡（死亡40人及其以上）事故；（2）专机和外国民航客机在中国境内发生的机毁人亡事故；（3）铁路、水运、矿山、水利、电力事故造成一次死亡50人及其以上，或者一次造成直接经济损失1000万元及其以上的。同时还规定，特大事故发生单位直属于国务院归口管理部门的，一般应由国务院归口管理部门组织事故调查组；特大事故发生单位直属于地方的，一般应由省、自治区、直辖市人民政府负责组织事故调查组。铁路、公路、水运等涉及多部门、多地区和军民两方面的特别重大事故，国务院认为有必要时，由全国安全生产委员会负责组织事故调查组。

2002年颁布的《中华人民共和国安全生产法》第九条规定:“国务院负责安全检查生产监督管理的部门依照本法,对全国安全生产工作实施综合监督管理。国务院有关部门依照本法和其他有关法律、行政法规的规定,在各自的职责范围内对有关的安全生产工作实施监督管理。”关于生产安全事故的调查程序和权限,该法第七十三条规定:“事故调查和处理的具体办法由国务院制定。”依据《中华人民共和国安全生产法》的规定,《生产安全事故报告和调查处理条例》,明确规定了四类事故等级。其中对特别重大事故是这样界定的:“特别重大事故,是指造成30人以上死亡,或者100人以上重伤(包括急性工业中毒),或者1亿元以上直接经济损失的事故。”《生产安全事故报告和调查处理条例》关于特别重大事故的分类标准与《特别重大事故调查程序暂行规定》的基本精神是一致的。因此,关于特别重大事故的分类标准同样适用于本条例,即只要发生铁路交通事故,造成30人以上死亡,或者100人以上重伤(包括急性工业中毒),或者1亿元以上直接经济损失的,也就构成了特别重大铁路交通事故。此外,本条还规定了在繁忙干线客运列车脱轨18辆以上并中断铁路行车48小时以上的;或者在繁忙干线货运列车脱轨60辆以上并中断铁路行车48小时以上的,也属于特别重大铁路交通事故。

一、按人员伤亡和直接经济损失划分的标准

人员伤亡和直接经济损失作为特别重大事故的划分标准,主要包括四种条件:一是造成30人以上死亡;二是100人以上重伤;三是100人以上急性工业中毒;四是

1 亿元以上直接经济损失。以上四个条件是分别独立存在的,只要满足其中一个条件就构成了特别重大铁路交通事故。

二、按列车脱轨辆数和中断铁路行车时间划分的标准

列车脱轨辆数和中断铁路行车时间作为特别重大铁路交通事故的划分标准,包括两种条件:一是在繁忙干线客运列车脱轨 18 辆以上并中断铁路行车 48 小时以上的;二是在繁忙干线货运列车脱轨 60 辆以上并中断铁路行车 48 小时以上的。以上两种条件是相互独立的,且每一个条件中的列车脱轨辆数和中断铁路行车时间的两个前提要素必须同时具备,缺一不可。

理解上述两个划分条件,应该注意以下两个问题:一是前提要素,即指在繁忙干线上,而不是其他线路上,即在其他线路上达到上述的标准也够不成特别重大铁路交通事故;二是客运列车的脱轨辆数与货运列车的脱轨辆数不一样,分别是 18 辆和 60 辆。之所以这样规定的理由有四方面:

一是,繁忙干线是铁路网中的大动脉,它的安全畅通对整个铁路网的正常运转的至关重要,繁忙干线上一旦发生事故,将可能造成路网运行秩序的混乱乃至瘫痪,对社会经济生活的正常运转也将造成重大影响。鉴于繁忙干线在铁路运输中的重要地位,将客运列车脱轨 18 辆以上、货运列车脱轨 60 辆以上和中断行车并列作为标准来确定特别重大铁路交通事故,是比较合适的。其他线路发生事故虽然影响也比较大,但对路网和社会的影响程度远不及繁忙干线,因此,在以列车脱轨数量和中断铁路行车时间确定特别重大铁路交通事故时,未将其他线路纳入。

二是,在繁忙干线上发生客运列车脱轨 18 辆以上或者货运列车脱轨 60 辆以上的事故,如果未造成较长时间的线路中断,虽然所造成的损失也比较严重,但并不一定对路网秩序造成严重影响,单一以此作为标准,不足以认定为影响铁路正常行车的特别严重情形;造成中断繁忙干线铁路行车 48 小时以上的铁路交通事故的原因有多种情形,并非所有情形造成的损失都特别严重,如列车在桥梁或者隧道等救援条件比较困难的地段,可能中断铁路行车时间会超过 48 小时,但是也不足以确定为影响铁路正常行车的特别严重情形。因此,将客运列车脱轨 18 辆以上或者货运列车脱轨 60 辆以上和造成中断繁忙干线铁路行车 48 小时以上并列作为确定特别重大事故的标准是科学合理的。

实践中,还需要注意对以下几个概念的理解:

1. 繁忙干线,是指铁路网中的主要干线,具有运量大、列车密度高、列车运行速度快的特点。目前,根据铁道部的规定,繁忙干线是指京哈(不含沈山段)线、京沪线、京广线、京九(含广州至深圳段)线、陇海线、沪昆(不含株洲至昆明段)线以及客运专线。

新建的铁路线路等级分类,在交付时公布。在连接不同等级线路的车站发生铁路交通事故时,按繁忙干线处置。全国大范围调整铁路列车运行图时,应明确或调整线路等级分类。

2. 列车,是指编成的车列并挂有机车及规定的列车标志。单机、动车组、自轮运转设备,虽未完全具备列车条件，也应按列车办理。

3. 客运列车，是指用来运送旅客的列车，包括动车组、直达旅客列车、特快旅客列车、普通旅客列车、按客车办理的回送空客车车底等。

客运列车在中途站进行摘挂（包括摘挂本务机车）或转线作业发生的事故，以及客运列车或客运列车摘下本务机车后的车列，被其他列车、机车、车辆冲撞造成的事故，均属于客运列车事故。

4. 货运列车，系指客运列车以外的其他列车。

军用列车除有特殊通知外，属于货运列车。

第十条　有下列情形之一的，为重大事故：

（一）造成10人以上30人以下死亡，或者50人以上100人以下重伤，或者5000万元以上1亿元以下直接经济损失的；

（二）客运列车脱轨18辆以上的；

（三）货运列车脱轨60辆以上的；

（四）客运列车脱轨2辆以上18辆以下，并中断繁忙干线铁路行车24小时以上或者中断其他线路铁路行车48小时以上的；

（五）货运列车脱轨6辆以上60辆以下，并中断繁忙干线铁路行车24小时以上或者中断其他线路铁路行车48小时以上的。

【释义】 本条是关于重大铁路交通事故划分标准的规定。

一、按人员伤亡和直接经济损失划分的标准

为了与《生产安全事故报告和调查处理条例》的事故

等级划分标准保持一致，本条例在重大事故的人员伤亡和直接经济损失两个构成标准上，采纳了《生产安全事故报告和调查处理条例》规定的构成标准，即三个构成条件：一是10人以上30人以下死亡；二是50人以上100人以下重伤；三是5000万元以上1亿元以下直接经济损失的。以上三个条件是分别独立存在的，只要满足其中一个条件，就构成了重大铁路交通事故。

二、按列车脱轨辆数和中断铁路行车时间划分的标准

按照列车脱轨辆数和中断铁路行车时间的标准，本条中设定了造成重大事故的四个条件：一是客运列车脱轨18辆以上的；二是货运列车脱轨60辆以上的；三是客运列车脱轨2辆以上18辆以下，并中断繁忙干线铁路行车24小时以上或中断其他线路铁路行车48小时以上的；四是货运列车脱轨6辆以上60辆以下，并中断繁忙干线铁路行车24小时以上或中断其他线路铁路行车48小时以上的。以上四个条件归纳有三种情况：第一，只要出现了客运列车脱轨18辆以上；货运列车脱轨60辆以上的情况就分别构成了重大铁路交通事故；第二，客运列车脱轨2辆以上18辆以下，同时中断繁忙干线铁路行车24小时以上或中断其他线路铁路行车48小时以上的，就构成重大铁路交通事故，即确定客运列车达到脱轨辆数的条件后，还要确定繁忙干线或者其他线路中断铁路行车时间的具体条件；第三，货运列车脱轨6辆以上60辆以下，同时中断繁忙干线铁路行车24小时以上或中断其他线路铁路行车48小时以上的，就构成重大铁路交通事故，即确定货运列车达到脱轨辆数的条件后，还要确定繁忙干线或者其他线路中断铁路行车的时间具体条件。

之所以这样划分,主要理由如下:

一是,当客运列车脱轨数量超过 18 辆或者货运列车脱轨数量超过 60 辆时,无论发生在什么线路上都属于严重的情形,铁路运输企业及有关单位都应当及时救援、抢修开通线路,特别在繁忙干线上如果抢救不及时,很有可能造成更大的影响和损失,使事故等级上升为特别重大事故。本条将重大铁路交通事故的划分标准确定为客运列车脱轨数量超过 18 辆或者货运列车脱轨数量超过 60 辆,未考虑中断时间和线路等级,就是为了促使铁路运输企业及有关部门迅速抢修,防止事故等级上升为特别重大事故。

二是,为了保持与上一级事故标准的衔接,本条对客运列车脱轨 2 辆以上 18 辆以下或者货运列车脱轨 6 辆以上 60 辆以下的情形还将中断行车时间一并作为确定事故等级的标准。考虑繁忙干线和其他线路的影响范围不同,规定了繁忙干线和其他线路中断行车时间的不同起点。

综上,本条规定了构成重大铁路交通事故的七个条件。第一个条件是造成 10 人以上 30 人以下死亡;第二个条件是 50 人以上 100 以下重伤;第三个条件是 5000 万以上 1 亿元以下直接经济损失;第四个条件是客运列车脱轨 18 辆以上的;第五个条件是货运列车脱轨 60 辆以上;第六个条件是客运列车脱轨 2 辆以上 18 辆以下,并中断繁忙干线铁路行车 24 小时以上或者中断其他线路铁路行车 48 小时以上;第七个条件是货运列车脱轨 6 辆以上 60 辆以下,并中断繁忙干线铁路行车 24 小时以上或者中断其他线路铁路行车48小时以上。这七个条件,有的是构成重大事故的并列要件,有的则是构成重大事故的单项条件,在事故定性过程中需逐项认真确定。

第十一条　有下列情形之一的,为较大事故:

(一)造成3人以上10人以下死亡,或者10人以上50人以下重伤,或者1000万元以上5000万元以下直接经济损失的;

(二)客运列车脱轨2辆以上18辆以下的;

(三)货运列车脱轨6辆以上60辆以下的;

(四)中断繁忙干线铁路行车6小时以上的;

(五)中断其他线路铁路行车10小时以上的。

【释义】　本条是关于较大铁路交通事故划分标准的规定。

一、按人员伤亡和直接经济损失划分的标准

本条例关于人员伤亡和直接经济损失作为较大事故的划分标准,与《生产安全事故报告和调查处理条例》规定是一致的,规定了三种条件:一是造成3人以上10人以下死亡;二是造成10人以上50人以下重伤;三是造成1000万元以上5000万元以下直接经济损失的。以上三个条件是分别独立存在的,只要满足其中一个条件,就构成了较大铁路交通事故。

二、按列车脱轨辆数和中断行车时间划分的标准

按照列车脱轨数量和中断铁路行车时间的标准,本条中设定了构成较大铁路交通事故的四种条件:一是客运列车脱轨2辆以上18辆以下的;二是货运列车脱轨6辆以上60辆以下的;三是中断繁忙干线铁路行车6小时以上的；四是中断其他线路铁路行车10小时以上的。本条没有将列车脱轨辆数与中断铁路行车时间作为确定事故等级的并列要件。只要满足上述四个条件之一，就构成较大铁路交通事故。这样规定的理由如下：

一是，为了保证与重大铁路交通事故等级条件的衔接。较大铁路交通事故的确定标准低于重大铁路交通事故的确定标准，并适当注意了差距。

二是，体现了对铁路安全从严管理的要求。本条将铁路客运列车脱轨2辆、货运列车脱轨6辆以及中断繁忙干线铁路行车6小时、其他线路铁路行车10小时作为较大铁路交通事故的下限标准，尽可能涵盖重大事故与一般事故之间的各种情形。

综上，本条是对较大铁路交通事故的定义，规定了构成较大铁路交通事故的七个条件。第一个条件是造成3人以上10人以下死亡；第二个条件是10人以上50以下重伤；第三个条件是1000万元以上5000万元以下直接经济损失的；第四个条件是客运列车脱轨2辆以上18辆以下的；第五个条件是货运列车脱轨6辆以上60辆以下的；第六个条件是中断繁忙干线铁路行车6小时以上的；第七个条件是中断其他线路铁路行车10小时以上的。该条所列的七个条件是相互独立的关系，只要满足其中一个条件就构成了较大铁路交通事故。即（一）项中所列的三个条件的相互关系，是分别独立存在的；（二）和（三）项中的客运、货运列车条件只有列车脱轨辆数，没有线别、中断时间的条件；（四）和（五）项中的条件，只有线别和中断铁路行车时间，没有列车脱轨辆数的条件。对较大铁路交通事故的定性，必须依据七个构成条件认真确定。

第十二条　造成3人以下死亡，或者10人以下重伤，或者1000万元以下直接经济损失的，为一般事故。

除前款规定外，国务院铁路主管部门可以对一般事故的其他情形作出补充规定。

【释义】　本条是关于一般铁路事故划分标准的规定。

一般铁路交通事故相对于特别重大、重大、较大铁路交通事故来讲，在人员伤亡情况、财产损失程度、列车脱轨辆数和中断铁路行车时间以及对铁路运输和社会经济的影响等方面相对要轻微一些。《生产安全事故报告和调查处理条例》颁布后，国家对一般事故规定为：造成3人以下死亡，或者10人以下重伤，或者1000万元以下直接经济损失的事故。本条例除了要适用《生产安全事故报告和调查处理条例》规定的一般铁路交通事故的三种情况外，还根据铁路的实际情况，作出了特殊性的规定。即除前款规定外，国务院铁路主管部门还可以对一般事故的其他情形作出补充规定。这对进一步加强铁路交通事故管理，坚持“抓小防大”，预防铁路较大及以上事故的发生，将起到积极作用。

一、一般铁路交通事故的构成基本标准

依照本条的规定，构成一般铁路交通事故，主要依据人员伤亡和直接经济经济损失两项标准认定。一是造成3人以下死亡；二是造成10人以下重伤；三是造成1000万元以下的直接经济损失。达到上述条件之一的，即构成一般铁路交通事故。由于对足以影响铁路网正常运输秩序的列车脱轨辆数和中断铁路行车时间已基本纳入较大事故划分标准，因此在一般事故中没有再列入这两项标准。

二、可以对一般铁路交通事故的其他情形作出补充规定

铁路运输有其自身特点，在铁路交通事故管理中形成了一整套的管理制度和办法。尤其铁路行业长期坚持“抓小防大”，对大量未造成人员伤亡或重大财产损失的险情严格按事故管理，对强化安全基础发挥了十分重要的作用。同时，铁路具有点多线长，机车车辆不间断运行的特点，且铁路不能做到全部封闭式运营，大量列车在人口稠密的城市、乡村中运行，事故发生的情形十分复杂，不可能在行政法规中一一列举。因此，本条授权国务院铁路主管部门可以对一般铁路交通事故的其他情形作出补充规定。本条第二款的规定有两层含义：一是，国务院铁路主管部门对一般铁路交通事故的其他情形所作出的补充规定，仅仅是对一般事故本身情形的补充，而不能对其他等级的事故情形作出补充规定；二是，国务院铁路主管部门所作的补充规定中列举的一般事故情形，可不仅限于本条第一款中所列举的“造成 3 人以下死亡，或者 10 人以下重伤，或者 1000 万元以下直接经济损失的”一般事故情形。对其他影响铁路正常行车的事故情形，也可列入一般事故，具体情形应当在国务院铁路主管部门下一步制定的有关铁路交通事故调查处理规则中给予明确。

第十三条　本章所称的“以上”包括本数，所称的“以下”不包括本数。

【释义】　本条是关于“以上”“以下”含义解释的

规定。

这里所说的“以上”包括本数，“以下”不包括本数，比如10人以上30人以下，实际上是指10～29人；3人以上10人以下，实际上是指3～9人。又如，客运列车脱轨2辆以上18辆以下的事故，实际上是指2～17辆。这可能与其他法律、行政法规中所称的“以上”、“以下”的含义有所不同。因此，本条例专门对此作出解释。另外，应当注意的是本条的解释仅限于本章所指的“以上”、“以下”。

第三章 事故报告

事故报告是铁路交通事故发生后的一项重要的信息传输工作，是减少人员伤亡、财产损失和恢复铁路行车秩序，保证事故调查正常进行的一个重要程序。本章共四条，详细规定了铁路交通事故发生后的报告程序和具体内容；明确规定了报告的主体，由谁报告、向谁报告、报告的项目和程序，以及收到报告后如何处置等内容。同时，对何种事故向国家安全生产监督管理等有关部门、单位报告和向地方人民政府通报也作出了明确的规定。

第十四条　事故发生后，事故现场的铁路运输企业工作人员或者其他人员应当立即报告邻近铁路车站、列车调度员或者公安机关。有关单位和人员接到报告后，应当立即将事故情况报告事故发生地铁路管理机构。

【释义】 本条是关于铁路交通事故发生后现场报告的规定。

一、现场报告

(一)事故现场报告的主体。

依照本条规定,铁路交通事故发生以后,事故现场的铁路运输企业工作人员或者其他人员负有向有关部门、单位报告的义务和责任。也就是说,事故现场报告不仅是铁路运输企业工作人员的义务,也是其他相关人员的义务。

铁路运输企业工作人员包括铁路运输企业的所有员工,他们都有报告事故情况的责任和义务,但是事故报告的第一信息必须是来自事故现场,也就是在事故现场的铁路职工首先担负报告事故情况的责任和义务。一般情况下最先知道发生事故的铁路职工应该是机车乘务员、运转车长、列车长、巡道工、养路工、信号工、接触网工、轨道车司机和值班员、助理值班员等。所有在事故现场的上述铁路运输企业工作人员,都有义务及时将事故的基本情况向有关部门、单位报告。

其他人员指除铁路运输企业工作人员以外的人员,包括铁路交通事故的当事人、现场目击人员以及事故的有关知情人员。所有这些其他人员虽然不是铁路运输企业的工作人员,但由于其具事故知情人的特殊身份,本条规定其负有报告义务。

(二)接受事故报告的单位和人员。

这里所指的接受事故报告的单位和人员,包括事故发生地邻近的铁路车站、列车调度员和公安机关。铁路车站作为离事故现场最近的铁路单位,是接受报告的主体。与事故发生现场最邻近的铁路车站相对于发生事故的列车来讲,具有一定的人力、物力、通信等优势,具备及时救助及应急处理的基本条件,是铁路列车发生事故后最先需要报告并实施救援的主体。列车调度员则最了解本企业的基本情况,向其报告事故情况便于其及时采取必要的补救措施,发出调度命令,必要时还可调整铁路运输的径路,最大限度地减少事故损失。公安机关是我国治安机关,承担依法护路,预防、制止和惩治违法犯罪活动,保护人民财产,保证社会经济发展,维护国家安全、社会稳定的重要职责,向公安机关报告事故情况,是事故发生企业及社会公众的重要义务。

事故现场的铁路运输企业工作人员或者其他人员既可以向铁路车站报告,向调度人员报告,也可以向公安机关报告。因不能要求事故现场的铁路运输企业工作人员或者其他人员,特别是其他人员都了解铁路企业的组织机构情况,都能按规定顺序向有关单位和人员报告事故,为此,本条例作出规定,除向邻近铁路车站、列车调度人员报告事故外,还可以向公安机关报告。

本条所称的邻近铁路车站,是指距离事故发生地点最近的车站,或者是与事故发生地点相邻的车站。

列车调度员,是指铁路调度所指挥列车运行的工作人员。

公安机关,是指事故发生地的铁路公安和事故发生地的地方公安机关。

一般情况下发生事故后的报告程序是:在区间发生时,由列车司机(有运转车长时为运转车长)立即报告车站值班员或铁路局列车调度员。发生人员伤亡的旅客列车,由列车长将人员伤亡情况报告运转车长(无运转车长时为列车司机),运转车长或司机应立即报告邻近的车站值班员或列车调度员。在站内或段管线内发生时,由铁路站长、段长直接报告列车调度员。

二、接到事故现场报告的单位和个人的报告职责

依照本条规定，有关单位和人员接到报告后，应当立即将事故情况报告事故发生地的铁路管理机构。这里的有关单位是指上述接受事故报告的邻近的铁路车站、调度人员和公安机关。有关人员既包括事故现场邻近的铁路车站的工作人员，也包括公安机关的工作人员。最先接到事故报告的铁路车站工作人员、公安机关工作人员及列车调度人员，要及时向事故发生地的铁路管理机构报告，以便本辖区内的铁路管理机构能够及时采取组织救援、展开事故调查等各种事故处理措施。

三、事故报告的时限要求

本条对事故报告的时限作了十分严格的规定，铁路运输特点决定，一旦发生事故，将直接影响铁路运输正常秩序，为此及时救援和尽快开通线路成为首要任务。为了能够及时启动救援和调查，本条规定的事故报告时限是“立即”。“立即报告”是指在事故发生后的第一时间，用最快捷的报告方式进行报告。这充分反映了铁路交通事故应急救援、恢复通车的紧迫性和重要性。这就要求事故现场工作人员和有关接到事故报告的单位和个人，不得拖延报告时间，保证在第一时间内报告事故，便于有关部门能及时了解掌握事故情况，采取合理有效的应急救援措施。

第十五条　铁路管理机构接到事故报告后，应当尽快核实有关情况，并立即报告国务院铁路主管部门；对特别重大事故、重大事故，国务院铁路主管部门应当立即报

告国务院并通报国家安全生产监督管理等有关部门。

发生特别重大事故、重大事故、较大事故或者有人员伤亡的一般事故，铁路管理机构还应当通报事故发生地县级以上地方人民政府及其安全生产监督管理部门。

【释义】 **本条是关于国务院铁路主管部门、铁路管理机构接到事故报告后上报事故并通报有关单位的规定。**

一、铁路管理机构接到事故报告后，应当尽快核实有关情况，并立即报告国务院铁路主管部门

本条例第十四条规定“有关单位和人员接到事故报告后，应当立即将事故情况报告事故发生地铁路管理机构”。本条所明确的就是铁路管理机构接到事故报告后，如何报告事故的规定。按照本条规定，铁路管理机构接到事故报告后，有两项工作内容：一是尽快核实有关事故的情况，一般情况下主要核实：事故发生的时间、事故现场的具体地点、事故人员伤亡和经济损失情况、事故原因的初步判断以及应急救援的请求等内容。“尽快核实”的规定虽然没有具体的时间规定，但铁路管理机构应当根据铁路交通事故应急救援对时限要求较高的特点，争分夺秒，抓紧时间核实，坚决杜绝人为的故意拖延或者怠慢，耽误事故的救援和调查。二是立即报告国务院铁路主管部门。这是铁路管理机构在事故报告中最主要的职责，之所以必须报告国务院铁路主管部门，这是由我国铁路管理体制所决定的，根据《中华人民共和国铁路法》的规定，我国铁路运输实行的是高度集中统一指挥的体制，国务院铁路主管部门既是铁路管理工作的首脑机关，也是整个铁路运输调度的指挥机关，及时将事故情况报告国务院铁路主管部门，便于统一组织指挥事故救援工作，尽快恢复铁路运输正常秩序，立即开展事故调查。本条还对报告时限作了限制，要求“立即报告”，这里的立即报告与事故现场的立即报告有一定区别，事故现场报告是已经发生就立即报告，应该说是对事故现场的表象的描述，误差可能较大；而铁路管理机构的立即报告，是在核实的基础上的报告，报告内容的准确性相对较高，并且是在核实结束的前提下才“立即报告”，理解中应当注意区别。

这里还需要指出的是，铁路管理机构还应当负责对管辖范围铁路交通事故内的汇总、统计，并按期报国务院铁路主管部门。各铁路运输企业（含合资铁路、地方铁路，不含城市轨道交通）和专用铁道、铁路专用线单位，应根据铁路管理机构要求，做好铁路交通事故汇总、统计工作，并定期向铁路管理机构报告。

二、发生特别重大事故、重大事故的，国务院铁路主管部门应当立即报告国务院并通报国家安全生产监督管理等有关部门

（一）立即报告国务院。

根据本条规定，接到铁路管理机构经核实的事故情况报告后，属于重大事故和特别重大事故的，国务院铁路主管部门应当立即报告国务院并通报国家安全生产监督管理等有关部门。之所以要报告国务院，主要由事故调查处理权限所决定。事故报告和调查处理是紧密相连的两个环节，在职权的划分上需要密切衔接。本条例第二十六条规定“特别重大事故由国务院或者国务院授权的部门组织事故调查组进行调查，重大事故由国务院铁路主管部门组织事故调查组进行调查”。因此，特别重大事故应当向国务院报告，国务院要么亲自组织事故调查，要么授权有关部门组织调查。重大事故的影响和造成的经济损失也非常大，由国务院铁路主管部门组织事故调查组进行调查，将重大事故的情况报告国务院，有利于国务院掌握事故情况，便于对重大事故应急救援和调查处理的领导、协调和监督。

（二）通报国家安全生产监督管理部门。

国务院铁路主管部门接到铁路管理机构关于事故的报告后，对属于重大事故、特别重大事故的，国务院铁路主管部门除向国务院报告外，还应当通报国家安全生产监督管理部门。之所以这样规定，条例主要考虑了两个方面的因素：一是由国家安全生产监督管理部门的职责决定的，国家安全生产监督管理部门是国家安全生产监督管理的综合部门，对安全生产工作实施综合监管，对其他负有安全监督管理职责的部门有指导、协调和监督的职责。虽然铁路交通应急救援和调查处理是以国务院铁路主管部门、铁路管理机构为主，但特别重大、重大铁路交通事故发生后，将会产生较大影响，救援和调查处理工作也离不开国家安全生产监督管理部门的支持和监督。同时，按照本条例的规定，国家安全生产监督管理部门也是特别重大、重大铁路交通事故调查组的重要成员之一。因此，向其通报事故情况十分必要。二是采用通报的形式是行政机关之间关系所决定的。国务院铁路主管部门和国家安全生产监督管理部门同受国务院领导，一个是组成部门，一个是国务院直属机构，两者在行政关系上是平行的，没有隶属关系。按照公文流转程序，该平行部门之间的相互信息沟通，只能采用通报的形式。需要注意的是，这里的报告内容和通报内容应该基本一样，区别就是一个是上行文，一个是平行文。

（三）通报其他有关部门。

根据事故应急救援和调查处理的需要，国务院铁路主管部门还应将事故情况通报有关部门，至于具体通报什么部门，本条没有说明，需要在实践中灵活掌握，但也应把握两条原则：一是应当参加应急救援的部门，如公安、消防、卫生、部队、武警等部门；二是应当参加事故调查处理的部门，如监察机关、检察院、工会等。

三、铁路管理机构应当向事故发生地县级以上地方人民政府通报事故情况的情形

根据本条第二款的规定，铁路管理机构接到事故报告后，除了要逐级向国务院铁路主管部门报告之外，还应当将事故情况通报事故发生地县级以上地方政府及其安全生产监督管理部门，但也并非所有事故都必须通报他们。本条例规定四种情形应当通报，一是发生特别重大事故，二是发生重大事故，三是发生较大事故，四是有人员伤亡的一般事故，也就是说，发生一般事故时，如果没有人员伤亡，就不必要通报事故发生地县级以上地方人民政府及其安全生产监督管理部门。这里的地方人民政府指的是县级以上地方人民政府。之所以没有规定县级以下的乡、镇人民政府，主要是考虑县级以上人民政府设有专门的安全监督管理机构，协助处理伤亡事故、发挥综合协调作用比乡、镇人民政府更加明显。

本条例作出这样规定，主要基于以下几点考虑的：第一，这是地方人民政府安全管理职责所决定的。《中华人民共和国安全生产法》第八条规定:“国务院和地方各级人民政府应当加强对安全生产工作的领导,支持、督促各有关部门依法履行安全生产监督管理职责。县级以上人民政府对安全生产监督管理中存在的重大问题应当及时予以协调、解决。”本条例也对事故发生地地方人民政府参与应急救援和事故调查处理的职责予以了明确。为了更好地发挥地方人民政府作用,铁路管理机构将事故情况通报地方人民政府十分必要。第二,这是事故应急救援和调查处理需要地方人民政府的积极参与支持所决定的,铁路交通事故中应急救援和调查处理离不开地方人民政府的支持,如发生重大人员伤亡或者需要紧急转移、安置铁路旅客和沿线居民时,只有在地方人民政府的组织下才可能有效实施救援工作。将事故情况及时通报地方政府,有利于地方政府充分准备、采取有效措施,防止事故损失扩大。第三,这是铁路交通事故对地方社会经济的影响所决定的。铁路交通事故发生后,不仅对铁路网络的正常运行造成较大影响,也可能对地方的物资供应、物流等方面带来影响,及时向地方通报事故情况,有利于地方人民政府采取应急措施,防止因铁路交通事故带来的不安定因素。

本条规定中没有将未造成人员伤亡的一般事故列入通报地方人民政府的范围,主要是考虑这类事故的影响较小,处理较为容易,且事故发生的频率较高和件数也较多,如果都需要通报地方人民政府的话,地方人民政府现有的监管力量难以胜任。

第十六条　事故报告应当包括下列内容:

（一）事故发生的时间、地点、区间（线名、公里、米）、事故相关单位和人员；

（二）发生事故的列车种类、车次、部位、计长、机车型号、牵引辆数、吨数；

（三）承运旅客人数或者货物品名、装载情况；

（四）人员伤亡情况，机车车辆、线路设施、道路车辆的损坏情况，对铁路行车的影响情况；

（五）事故原因的初步判断；

（六）事故发生后采取的措施及事故控制情况；

（七）具体救援请求。

事故报告后出现新情况的，应当及时补报。

【释义】 **本条是关于铁路交通事故报告内容的具体规定。**

一、事故报告的主要内容

本条规定明确规定了事故报告的具体内容和报告内容发生变化后的补报要求。本条关于报告的内容参照了《生产安全事故报告和调查处理条例》中关于事故报告的内容，结合铁路部门对于事故报告的实际需要和有效做法，明确铁路交通事故报告应当包括七个方面内容：

（一）事故发生的时间、地点、区间（线名、公里、米）、事故相关单位和人员。

本类报告内容是关于时间、地点、相关单位和当事人的规定。事故发生的时间、地点是报告的最基本要素，事故发生区间也是事故报告的关键要素，区间主要是指铁路交通事故发生的具体位置。这个具体位置包括车站、区间和公里。

（二）发生事故的列车种类、车次、部位、计长、机车型号、牵引辆数、吨数。

本类报告内容体现了铁路特色。发生事故的列车种类,是指货车、客车;机车型号是指电力机车,内燃机车,动车组;车次是指对客、货列车编组后开行车次的名称;事故发生部位,是指事故发生在列车中的具体位置,如发生在第几车厢等。列车编组包括列车牵引辆数、吨位和车辆换算长度即计长。

(三)承运旅客人数或者货物品名、装载情况。本类报告内容对客运列车要求报告旅客的详细人数,越详细越好,比如总人数,受伤旅客、职工人数、名称、年龄等。对货运列车要求报告货物的具体品名和实际的装载状况及危险品等情况。

(四)人员伤亡情况,机车车辆、线路设施、道路车辆及其他运输设施设备的损坏情况,对铁路行车的影响情况。

本类报告内容包括三种情况:第一种情况是要报告人员的伤亡情况。也就是在发生铁路交通事故中的具体人员伤亡的数字及伤势情况,包括死亡人数、受伤人员情况等。第二种情况是机车车辆、线路设施、道路车辆的损坏情况,报告机车车辆脱轨辆数及这些设备设施的损坏状况。第三种情况是对铁路行车的影响情况,如对本列车、临线列车及事故现场周边安全情况的影响。

(五)事故原因的初步判断。

铁路管理机构是铁路运输安全的区域监管主体,其接到事故报告后,要及时赶赴现场,除履行组织抢救伤者等事故救援职责外,还要利用专业知识、工作经验和监察手段,对事故原因作出一个初步的判断。如:事故性质、事故等级和是否有人员伤亡，以及是否是违章违纪、设备不良、社会治安、自然灾害等原因造成。

（六）事故发生后采取的措施及事故控制情况。

这类报告内容是由铁路管理机构对事故初步处理情况和事态控制的一个综合性报告。这个情况报告是由专业运输管理部门对事故处理的初步情况和对事故的初步控制情况进行的全面的描述和反映，是国务院铁路主管部门对事故进行下一步救援和处理的一个重要依据和参考。

（七）具体救援请求。

事故救援请求事项包括：是否请求出动铁路救援队、救援列车或地方消防车、医务人员、交通工具以及请求当地驻军、武警部队参与救助，以及需要救助的各类物质等。事故救援请求报告，可以让接受报告的机关及时了解事故的救援需求，准确及时制定或启动救援方案，及时调集救援力量和救援物质，积极组织开展事故救援。

二、事故情况补报

除上述七个方面的报告内容外，本条第二款还作出规定：事故报告后出现新情况的，应当及时补报。补报后续情况也是事故报告主体的义务和责任。在实际工作中，事故发生后的一定时期内，往往会出现一些新的情况，尤其是伤亡人数会发生一定的变化。由于这方面的法律规定不够全面，各单位在新情况的界定和补报时限的把握上不完全一致，给事故统计、调查处理以及伤亡赔偿等善后事宜带来了一定的难度。为了规范事故的补报工作，本条例特别对应当补报的新情况和补报时限进行了明确规定。

之所以要求对出现的新情况及时补报，是因为有些不确定的状态需要经过一段时间才能转为确定状态。例如，由于事故的应急救援不力，事故没有得到有效的控制，导致发生次生事故，引起新的人员伤亡和财产损失，有的甚至是救援人员的伤亡。又如，对失踪人员的搜救和对被困人员的营救能否取得积极的结果，重伤者经过抢救能否脱离生命危险，损坏的设备设施能否进行修复以及中断铁路行车的时间也是动态变化的，都需要经过一段时间以后才能确定。这些都直接影响到伤亡人数的确定、直接经济损失和中断铁路行车时间的认定，而伤亡人数、直接经济损失和中断铁路行车时间的情况直接关系到事故等级的划分和事故的调查处理权限等具体问题。另外，对这些新的变化内容，事故报告的主体要及时进行补充报告，也有利于国务院铁路主管部门、铁路管理机构随时掌握了解事故的最新情况，及时变换救援措施，尽量减少事故损失。

第十七条　国务院铁路主管部门、铁路管理机构和铁路运输企业应当向社会公布事故报告值班电话，受理事故报告和举报。

【释义】　本条是关于国务院铁路主管部门、铁路管理机构和铁路运输企业应当建立受理铁路交通事故报告和举报的值班制度的规定。

铁路交通事故值班制度是保证各级铁路管理部门和铁路运输企业正常履行铁路安全监督管理职责和落实安全管理义务的基本制度，建立事故值班制度，有利于全面准确掌握铁路安全动态，也有利于加强与广大人民群众的联系，接受社会和群众的监督。本条例结合实践经验，第一次以行政法规的形式对铁路交通事故的值班制度作出明确规定，要求国务院铁路主管部门、铁路管理机构和铁路运输企业应当向社会公布事故报告值班电话，受理事故报告和举报。这里不仅要求国务院铁路主管部门、铁路管理机构建立相应的值班制度，也要求铁路运输企业公布事故报告值班电话，受理事故报告和举报。本条例作出这样的规定，一是执行本条例规定的事故报告制度，保证及时、准确上报事故的需要；二是对事故信息来源渠道的有益补充，对于揭露谎报、瞒报事故有重要作用；三是维护公民检举、举报权利，是确保人民群众民主权利的重要措施。

本条规定了两种义务：

一是国务院铁路主管部门、铁路管理机构的行政责任。按照《中华人民共和国铁路法》的规定，国务院铁路主管部门是全国铁路主管部门，主管全国铁路工作。按照《铁路运输安全保护条例》的规定，国务院铁路主管部门负责全国铁路运输安全监督管理工作，是铁路行业运输安全的监管主体。国务院铁路主管部门设立的铁路管理机构负责本区域内的铁路运输安全监督管理工作。按照规定的权限和程序，参与、组织、协调本辖区内的铁路交通事故应急救援和调查处理工作。因此，本条对国务院铁路主管部门、铁路管理机构规定了“国务院铁路主管部门、铁路管理机构应当向社会公布事故报告值班电话，受理事故报告和举报”。

二是铁路运输企业的义务。按照《中华人民共和国安全生产法》第四条的规定：“生产经营单位必须遵守本法和其他有关安全生产的法律、法规,加强安全生产管理,建立、健全安全生产责任制度,完善安全生产条件,确保安全生产。”按照《铁路运输安全保护条例》的规定:“铁路运输企业应当加强铁路运输安全管理,建立、健全安全生产管理制度,设置安全管理机构,保证铁路运输安全所必需的资金投入”,“铁路运输企业应当按照国家有关规定,建立、健全本企业的应急预案,明确应急指挥、救援等事项。”依照《中华人民共和国安全生产法》和《铁路运输安全保护条例》的规定,铁路运输企业是铁路运输安全的第一责任主体。据此,本条规定了铁路运输企业的一项责任义务,即铁路运输企业应当向社会公布事故报告值班电话,受理事故报告和举报。

铁路主管部门和铁路运输企业,应利用报纸、电视、网络等新闻媒体,向社会公布事故举报电话,受理事故报告和举报。公示的电话号码应该是24小时有人职守的电话,一般应为铁路主管部门的总值班室的值班电话或者安全监察部门的值班电话,也可以单独设立公布。

本条所指的事故报告,是指铁路运输企业工作人员或者其他人员负有向有关部门报告的义务和责任。铁路运输企业的工作人员,既包括列车司机、列车长、运转车长、机车乘务人员等铁路工作人员,也包括巡道工等铁路沿线的工作人员。其他人员指除铁路运输企业相关工作人员以外的其他人员发现铁路交通事故的,也有义务及时向有关部门报告。

所谓举报,是指事故的当事人或者事故的知情者,在事故真实情况有可能被隐瞒或者谎报的情况下,出于正义和社会责任感,将事故真象向有关部门检举报告的行为。这种举报不是义务性的，而是由事故的当事人或者事故的知情者出于正义和责任感而自愿采取的行动，这种行为是应当被鼓励的。

综上，国务院铁路主管部门、铁路管理机构、铁路运输企业，都有向社会公布事故报告值班电话的义务，均有责任受理铁路运输企业工作人员及其他人员关于事故的报告；也均有责任受理事故当事人或者事故知情者关于事故真实情况的检举。

第四章 事故应急救援

本章共八条，主要是关于铁路交通事故发生后，有关单位和人员开展应急救援工作的规定。铁路运输是轨道交通，一旦发生事故就可能会中断列车正常运行，造成线路堵塞，甚至会影响全国铁路运输网的正常运行，给国民经济和人民群众利益造成重大影响。为了尽量减少铁路交通事故造成的影响，本条例明确了国务院铁路主管部门、铁路管理机构、事故发生地县级以上地方人民政府及其所属部门、铁路运输企业等有关单位和人员在事故应急救援工作中的有关职责。

第十八条　事故发生后，列车司机或者运转车长应当立即停车，采取紧急处置措施；对无法处置的，应当立即报告邻近铁路车站、列车调度员进行处置。

为保障铁路旅客安全或者因特殊运输需要不宜停车的，可以不停车；但是，列车司机或者运转车长应当立即将事故情况报告邻近铁路车站、列车调度员，接到报告的

邻近铁路车站、列车调度员应当立即进行处置。

【释义】 **本条是关于铁路交通事故发生后，列车司机或者运转车长等有关人员的应急处置和报告职责的规定。**

一、关于列车司机或者运转车长在铁路交通事故发生后采取有关紧急处置和报告措施的规定

作为列车的直接操作人员，列车司机、运转车长是列车运行或者停止的具体操作者。铁路交通事故发生后，他们的现场应急处置是否妥当，直接影响到后续的列车救援、伤员抢救、现场保护和事故调查处理工作。根据《国家处置铁路行车事故应急预案》关于紧急处置的要求和列车工作操作程序的特点，列车司机、运转车长等列车工作人员在铁路交通事故发生后应当立即停车，开展自救、互救。为此，本条第一款对列车司机和运转车长规定了两个方面的职责：

一是，立即停车，采取紧急处置措施。立即停车是铁路交通事故发生后对列车司机和运转车长最基本的要求。一般情况下，当列车在运行中发现人员、机动车上道，路料、机械侵线，水害、塌方、落石等危及列车安全时应当立即采取停车措施，最大限度地防止事故发生。由于以上原因，已经造成铁路交通事故后，也应当立即停车，采取紧急处置措施，尽可能地减少事故损失。紧急处置措施，主要是包括立即使用列车无线调度通信设备将事故原因和停车位置报告邻近铁路车站、列车调度员；对受伤人员采取紧急救治措施；立即排除设备故障或险情；尽快恢复列车运行等内容。

二是，对无法处置的，应当立即报告邻近铁路车站、列车调度员进行处置。受事故现场条件限制无法对受伤人员采取紧急救治措施,无法排除设备故障或险情,不能及时恢复列车正常运行时,列车司机、运转车长应当立即报告邻近铁路车站或者列车调度员进行处置。

铁路车站在铁路运输组织中主要担负着列车编组、行车指挥、旅客组织、应急抢救等职责,列车调度员在铁路运输作业中是一个十分特殊和关键的岗位,负责列车运行组织指挥,列车行驶线路、停靠区间等作业的调度指挥。铁路交通事故发生后,列车司机或者运转车长如果无法及时进行处置,就必须立即通知邻近的铁路车站或者列车调度员,这样才能及时将事故有关情况报告铁路运输企业、铁路管理机构等有关单位,接受报告的单位才能及时组织救援、恢复列车运行。

根据《铁路技术管理规程》的规定,针对列车在区间被迫停车后,不能继续运行时的情况,司机应立即使用列车无线调度通信设备通知两端车站、列车调度员及运转车长(无运转车长的为列车乘务员),报告停车原因和停车位置,根据需要或运转车长指示迅速请求救援。需要防护时,列车前方由司机负责,列车后方由运转车长(无运转车长的为车辆乘务员,无车辆乘务员的为列车乘务员)负责。如遇自动制动机故障,旅客列车司机应通知运转车长(无运转车长为车辆乘务员)立即组织列车乘务人员拧紧全列人力制动机,以保证就地制动;其他列车司机应立即采取安全措施,并向列车调度员报告,请求救援。必要时,还应开行救援列车,参与事故救援。救援列车的开行,在《铁路技术管理规程》中有十分具体的要求和规定:“车站值班员接到运转车长、司机或工务、电务、供电等人员的救援请求后,应立即报告列车调度员。列车调度员应向有关车站发布命令封锁区间,并派出救援列车。向封锁区间发出救援列车时,不办理行车闭塞手续,以列车调度员的命令,作为进入封锁区间的许可。当列车调度电话不通时,应由接到救援请求的车站值班员根据救援请求办理,救援列车以车站值班员的命令,作为进入封锁区间的许可。司机接到命令后,机车乘务员必须认真确认。命令不清、停车位置不明确时,不准动车。救援列车进入封锁区间后,在接近被救援列车或车列 2km 时,要严格控制速度,同时,使用列车无线列调通信设备与请求救援的机车司机进行联系,或在瞭望距离内能够随时透彻地了解速度运行(最高不得超过 20km/h),在防护人员处或压上响墩后停车,联系确认,并按要求进行作业。”《铁路技术管理规程》还规定:“救援列车的出发或返回,均应通知列车调度员及前方站。如事故现场设有临时线路所时,车站值班员应于发车前,商得线路所在地值班员的同意。”

此外,当铁路交通事故造成人员伤亡时,为了及时抢救伤员,铁路车站和列车调度员在接到列车司机、运转车长的通知后,还应当立即联系医疗机构救治伤员。

二、关于铁路交通事故发生后不宜停车例外情形的规定

铁路交通事故发生后,列车司机、运转车长应当立即停车,采取紧急处置措施,这是事故应急救援的一项基本原则。同时,考虑到列车运行的特点和运输任务的性质,有时,采取立即停车措施可能会导致更大的事故,引起更大的损失。为此,本条第二款从铁路运输的实际情况出

发,对不宜停车的两种特殊情形作了明确规定:

一是,为了保障铁路旅客安全不宜停车。由于列车内的旅客人数众多且流动频繁,无法做到像飞机中的乘客那样在飞机运行速度突然变化时使用安全带,对其进行安全保护。特别是在列车高速运行状态下,一旦列车实施紧急制动,在巨大惯性力的作用下,因此,本条例规定,极易造成车内大量旅客人身伤害的严重后果,并造成机车车辆车轮、钢轨的严重损伤,给本列车的继续运行和后续列车的运行安全带来隐患。因此,本条例规定,为了更有效地保障广大铁路旅客的生命安全,可以不停车。

二是,因特殊运输需要不宜停车。这里所指的特殊运输是主要指军事运输、抢险救灾运输、危险品运输以及其他需要特殊保护或者列车停留会对列车本身及其周边地区造成严重危险的运输。为了保障这类特殊运输的绝对安全,防止和避免停车可能对周边造成的更大损失,本条也对这种特殊情况作出了可以不停车的规定。

在上述两种情形下,列车司机或者运转车长虽然可以不停车,但并未免除列车司机或者运转车长的报告义务。本款规定:“列车司机或者运转车长应当立即将事故情况报告邻近铁路车站、列车调度员。接到报告的邻近铁路车站、列车调度员应当立即进行处置。”

接到报告的邻近铁路车站、列车调度员应当采取的处置措施,包括迅速报告有关部门,联系医疗救治,指挥其他避让,提前做好各项救援措施等。

第十九条　事故造成中断铁路行车的,铁路运输企业应当立即组织抢修,尽快恢复铁路正常行车;必要时,

铁路运输调度指挥部门应当调整运输径路，减少事故影响。

【释义】 本条是关于铁路交通事故造成中断铁路行车时，铁路运输企业应当立即组织抢修，以及必要时铁路运输调度指挥部门应当调整运输径路的规定。

一、关于铁路运输企业应当立即组织抢修线路的规定

铁路行业属于国民经济基础产业，必须保持24小时连续运输才能适应国民经济的需要。一旦发生中断铁路行车的事故，铁路运输企业必须尽快采取措施，抢修线路，保障路网畅通，这也是铁路交通事故应急救援与其他一般生产事故最大的不同点。因此，在铁路交通事故应急救援过程中，铁路运输企业应当立即组织抢修，确保尽快恢复铁路正常行车。

二、关于铁路运输调度指挥部门应当调整运输径路的规定

本条除了规定铁路运输企业应当立即组织抢修，尽快恢复铁路正常行车外，还规定：必要时，铁路运输调度部门应当调整运输径路，减少事故影响。

列车运行图是铁路行车组织工作的基础。所有与列车运行有关的铁路各部门，必须按列车运行图的要求，组织本部门的工作，以保证列车按运行图运行。列车运行图应根据客货运量和区段通过能力确定列车对数，并符合下列要求：(1)列车运行的安全；(2)迅速、便利地运输旅客和货物；(3)充分利用通过能力，经济合理地运用机车车辆和安排施工、维修天窗；(4)做好列车运行线与车流的结合；(5)各站、各区段间的协调和均衡；(6)合理安

排乘务人员作息时间。铁路运输是按图运输，列车运行图对各次列车的运行线路、时间、停靠站点都有十分准确的规定，一般情况下不得随意改变列车运行径路，铁路运输调度指挥部门也只能按图作业，指挥、跟踪列车运行。但是，在铁路交通事故应急救援过程中，铁路运输调度指挥部门在必要时，应当调整运输径路，减少事故影响。对于这一规定的理解，应当注意以下两个方面的要求：

一是，根据立法精神，并非所有的事故救援都可以调整运输径路，应当严格把握“必要时”的定义。“必要时”，一般是指线路破坏严重、救援工作艰难，进展缓慢，在较短时间内无法恢复通车，而且不对运输径路进行调整，将会对路网乃至社会经济造成重大影响时，才考虑调整运输径路。

二是，调整运输径路的权限在于铁路运输调度指挥部门，其他部门无权决定。铁路运输调度指挥部门应当根据调度权限调整径路。一般情况下，应当由铁道部运输调度部门通盘考虑决定，组织各相关铁路局调度部门共同实施，并做好相互之间的衔接。

第二十条　事故发生后，国务院铁路主管部门、铁路管理机构、事故发生地县级以上地方人民政府或者铁路运输企业应当根据事故等级启动相应的应急预案；必要时，成立现场应急救援机构。

【释义】　本条是关于铁路交通事故发生后，国务院铁路主管部门、铁路管理机构、事故发生地县级以上地方人民政府或者铁路运输企业启动应急预案以及成立现场应急救援机构的规定。

一、制定应急预案的必要性

凡事预则立，不预则废；思则有备，有备无患。近年来，国家对突发公共事件应急预案工作十分重视。逐步建立和完善了应急救援预案体系，对制定应急预案的目的、工作原则、法律法规依据、适用范围和级别界定都作出了明确的规定，概括起来有“八要素”：(1)突发公共事件应急处置指挥机构的组成和相关部门的职责及权限，包括各类应急组织机构与职责、组织体系的框架等，即组织落实要放在第一位；(2)突发公共事件监测和预警，包括预警信息、预警行动、预警支持系统等；(3)突发公共事件信息的收集、分析、报告和通报的制度；(4)突发公共事件应急处置技术和监测机构及其任务，要依靠科学提高专业化水平；(5)突发公共事件分级和应急处置的工作方案，包括指挥协调、人员撤离、紧急避难场所、医疗救治、疫病控制、新闻发布等；(6)突发公共事件预防、现场控制、应急设施、设备、药品、医疗器械及其他重要物资的储备与调度，通信、交通、技术、医疗、治安、资金和社会动员保障等；(7)突发公共事件应急处置专业队伍的建设和培训，包括演练等；(8)突发公共事件发生以后进行科学评估、善后恢复，及时由非常态转为常态。

预案，就是指在常态条件下预测可能会遇到哪些风险、哪些灾难、会产生哪些后果。有预案，就是一旦发生了突发公共事件如何处置，如何把突发公共事件造成的损失降到最小。制定突发公共事件应急预案，是一项专业性、技术性、科学性要求很高的复杂的系统工程，必须以科学求实、高度负责的态度认真对待和组织开展。铁路交通事故也属于突发公共事件之一，制定铁路交通事故应急预案也应当遵循上述预案的原则和要求。各单位制定应急预案,要按照科学合理、有效可行的要求来进行,预案的内容既要体现与国家总体应急预案、国务院铁路主管部门应急预案的有效衔接,又要切实符合本单位的具体实际;对组织指挥、参加行动、紧急处置及相关保障等责任的界定,一定要明确、细化;对预防预警、应急响应、救护防护、保障支援等程序的制定,一定要细致、具体、可操作性,确保制定的应急救援预案切实有效,便于操作和实施。

二、关于国务院铁路主管部门、铁路管理机构等有关单位启动应急预案的规定

本条规定发生铁路交通事故后,国务院铁路主管部门、铁路管理机构、事故发生地县级以上地方人民政府或者铁路运输企业要根据事故等级的不同,启动不同等级的应急预案,及时对伤亡人员进行抢救和处理。应急预案是处理突发公共事件,保护人民群众生命财产安全和国家财产安全的预防性措施。发生不同的事故,要启动相应的预案,不能发生了特别重大事故只启动企业应急预案,也不能发生一般事故就启动国家级事故处理预案。目前,有关铁路交通事故应急救援预案主要是《国家处置铁路行车事故应急预案》和《铁路交通伤亡事故应急预案》,同时,根据这两部预案确定的基本内容和原则,国务院铁路主管部门也组织全国铁路系统制定了各级的相关预案,建立起了较为完整的应急救援预案体系,并成为各级地方政府相关应急预案的有机组成部分。

为了明确职责,防止推诿扯皮、延误救援,本条对发生铁路交通事故后启动应急预案的主体作了明确规定,即国务院铁路主管部门、铁路管理机构、事故发生地县级以上地方人民政府、铁路运输企业是启动相应的应急预案的主体。

三、关于成立现场应急救援机构的规定

为了保证现场应急救援的有序组织和实施,本条还规定,必要时,应当成立现场应急救援机构。现场应急救援机构负责组织指挥现场救援等工作。本条规定的是“必要时”,并非是所有等级的铁路交通事故发生后都要成立现场救援机构。对“必要时”的界定,需要我们在实际工作中,根据具体情况灵活掌握。

第二十一条　现场应急救援机构根据事故应急救援工作的实际需要,可以借用有关单位和个人的设施、设备和其他物资。借用单位使用完毕应当及时归还,并支付适当费用;造成损失的,应当赔偿。

有关单位和个人应当积极支持、配合救援工作。

【释义】　本条是关于现场应急救援机构借用有关单位和个人的设施、设备以及其他物资的规定。

一、关于借用的规定

由于铁路交通事故发生的偶然性,有很大一部分事故是发生在较为偏远的地方,即使是专业的救援队伍也难以配足抢险所需要的所有设施设备和其他物资。因此在大多数情况下需要就地取材,借用铁路沿线单位和个人的设施、设备和其他物资,以满足救援工作的需要,并且这种借用手段在许多救援工作中已广泛运用,对及时抢救伤员、修复线路、恢复行车具有十分重要的意义。本条也是基于上述考虑,借鉴铁路交通事故应急救援工作的实际做法，将这一行之有效的实践经验通过立法的形式予以明确，将“可以借用有关单位和个人的设施、设备和其他物资”作为现场应急救援机构的一个重要权限，同时也将其规定为铁路沿线有关单位和个人的法定义务。

这里所谈的“借用”属于一种民事行为，而非行政行为，这与“征收”和“征用”有着本质的区别，也充分体现了立法对人民群众物权的尊重和保护。

所谓征收，是国家以行政权取得单位和个人的财产所有权的行为。征收的主体是国家，通常是政府部门代表国家执行。政府以行政命令的方式从集体、单位和个人取得土地、房屋等财产，单位和个人必须服从。在物权法上，征收是物权变动的一种极为特殊的情形。征收属于政府行使行政权，属于行政关系，不属于民事关系。

所谓征用，是国家强制使用单位、个人的财产。强制使用就是不必得到所有权人的同意，在国家有紧急需要时即直接使用。国家需要征用单位、个人的不动产和动产的原因，是抢险、救灾等在社会整体利益遭遇危机的情况下，需要动用一切人力、物力进行紧急救助。国家以行政命令征用财产，被征用的单位、个人必须服从，这一点与征收相同。但征收是剥夺所有权，征用只是在紧急情况下强制使用单位、个人的财产，紧急情况结束后被征用的财产要返还给被征收的单位、个人，因此征用与征收有所不同。征用与本条中所说借用的相同点是使用完毕后都要返还给被征用（借用）人。

征用、征收、借用三者之间的共同点，是都具有一定的强制性，从借用本身来看，本来是没有强制效力的，但在本条中也将此设定为铁路沿线有关单位、个人的法定义务，因此本条规定的“借用”也具有一定的“强制性”。

但是，为了防止对这一权力的滥用，本条同时也对此作了限制，即“现场应急救援机构根据事故应急救援工作的实际需要”。对这一规定的理解，应该从两个方面看：

一是，借用的主体必须是依照本条例第二十条成立的现场应急救援机构，其他单位无权启动借用行为。

二是，借用工作必须根据救援的实际需要，要杜绝两种倾向，一种是防止借救援工作的名义借用本不需要借用的设施、设备和其他物资，或者借用数量超出实际需要量，滥用设施、设备和其他物资，造成浪费。第二种是现场应急救援机构碍于困难，不积极向铁路沿线单位和个人沟通，不说明借用设施、设备和其他物资的用途及赔偿政策，不借用对应急救援具有十分重要的设施、设备和其他物资，延误救援，造成更大的损失。

同时，需要注意的是，根据本条规定，“借用单位使用完毕应当及时归还，并支付适当费用”。根据这一规定，借用的设施、设备和其他物质使用完毕后必须及时归还，不能拖延不还。同时，对借用的设施、设备和其他物质，还应当支付适当的费用。至于费用的数额，一般应当由借用单位和被借用的单位、人员协商解决。

二、关于有关单位、个人支持、配合救援工作的规定

本条在对借用单位作出限制的同时，也对有关单位和个人支持、配合救援工作的义务作了明确规定。对铁路交通事故的应急救援，首先是铁路运输企业、行政机关和有关单位的义务，但也离不开广大人民群众的帮助、支持、配合。多一份力，列车就能早一刻恢复运行，国家的损失就少一点损失，受伤人员就多一份获救的希望。本条作出这样的义务性规定，也就是从提倡救死扶伤、一方有难八方支援的良好社会风尚的考虑出发的。

三、关于对借用的设施、设备和其他物资的赔偿制度的规定

为了体现公平合理的原则，在保证及时开展事故应急救援工作的前提下，最大限度地保护广大人民群众的利益，本条还对借用设施设备和物资的赔偿制度作了规定，在铁路交通事故应急救援中借用有关单位、个人的设施、设备以及其他物资，造成损失的，应当赔偿。理解这一规定，需要注意以下问题：

一是，只有确实造成了损失，才予以赔偿。

二是，只有损失与借用行为存在直接的因果关系才予以赔偿，若损失是因其他原因造成的，不在本条规定的范围内，包括由事故直接导致的损失也不在本范围内。

三是，赔偿的方式可以有多种形式，一般情况下有两种，一种方式是作价赔偿，即对损失进行评估后以现金的形式直接赔偿；第二种方式是以实物赔偿，即以相同或者类似的物品赔偿损失的物品。其他方式的赔偿只要双方认可也是允许的。

第二十二条　事故造成重大人员伤亡或者需要紧急转移、安置铁路旅客和沿线居民的，事故发生地县级以上地方人民政府应当及时组织开展救治和转移、安置工作。

【释义】　本条是关于事故发生地县级以上地方人民政府有急救援职责的规定。

铁路属于点线结合的运输方式，实行高度集中统一指挥的管理体制。但是由于铁路交通事故直接影响的是广大人民群众的生命财产安全和正常生活秩序，开展事故应急救援工作，必须充分发挥中央和地方两个积极性，中央有关部门的积极应对与地方人民政府的支持和直接参与缺一不可。特别是在组织救治、转移和安置群众方面，事故发生地县级以上地方人民政府有不可替代的优势。本条在赋予事故发生地县级以上地方人民政府这一职责的同时，也对其履行这一职责的两个前提条件作了明确：

一是，铁路交通事故造成重大人员伤亡。重大人员伤亡主要是指事故导致有较多的人员伤亡，地方人民政府，特别是事故发生地县级以上地方人民政府不参与组织，其救治和转移工作将会受到严重影响甚至没办法开展，将会引起更大的伤亡和损失的情形。

二是，铁路交通事故发生后，需要紧急转移、安置铁路旅客和沿线居民。这一情形一般是指铁路交通事故发生后，如果引发危险物品泄漏、扩散，可能或者已经严重危及铁路旅客、沿线居民的生命财产安全。

一旦具备上述两个条件之一，事故发生地县级以上地方人民政府就应当切实行动起来，及时组织群众转移到安全地带并组织开展救治和防范工作。

事故发生地县级以上地方人民政府履行这一职责，在具体操作中还应当注意三个方面：

一是，事故发生地县级以上地方人民政府应当进一步健全紧急状况下，组织转移、安置和救治生命财产安全受到影响的人民群众的应急预案，完善运作协调机制。

二是，地方人民政府及铁路沿线单位要加强对沿线居民应对突发事件的应急措施和脱身技巧的宣传教育，使铁路沿线单位和群众能够在突发事件发生后,自觉听从地方人民政府的指挥。

三是,由于个人原因,在铁路交通事故中致伤致残丧失劳动能力者,为切实做好社会稳定的工作,体现以人为本的理念,应根据《城市居民最低生活保障条例》(国务院1999年271号令)、《农村五保户工作条例》(国务院2006年456号令)、《城市生活无着的流浪乞讨人员救助管理办法》(国务院2003年381号令)、《城市生活无着的流浪乞讨人员救助管理办法实施细则》(民政部2003年24号部令)等有关规定,由民政部门妥善安置。

第二十三条　国务院铁路主管部门、铁路管理机构或者事故发生地县级以上地方人民政府根据事故救援的实际需要,可以请求当地驻军、武装警察部队参与事故救援。

【释义】　本条是关于当地驻军和武装警察部队参与事故救援的规定。

一、请求当地驻军、武装警察部队参与事故救援的主体

为了发挥人民解放军和武装警察部队在抢险救灾中的作用,保护人民生命和财产安全,《中华人民共和国国防法》和《军队参加抢险救灾条例》规定,中国人民解放军和中国人民武装警察部队根据国务院或者地方人民政府的要求,有义务参加抢险救灾工作。

本条根据上述法律、行政法规的规定,明确了请求当地驻军和武装警察部队参与事故救援的主体。在《军队参加抢险救灾条例》中,提出军队参加救灾请求的主体主要是国务院或者县级以上地方人民政府，而本条例根据铁路运输的特点，对救灾请求主体作出了特殊规定，即国务院铁路主管部门、铁路管理机构或者事故发生地县级以上地方人民政府三个主体。也就是说在铁路交通事故应急救援中，只有上述三个主体有权请求当地驻军和武装警察部队参与事故救援，其他主体的请求不具有法定性。本条作出如此规定也是符合特殊法优于一般法基本法理原则的。从军队参加救灾工作方面来看，《军队参加抢险救灾条例》是基本规范，即“一般法”，而本条例是特殊规范，即“特别法”，涉及军队参加铁路交通事故救援时，应当优先适用本条例。

二、其他需要注意的有关问题

根据《军队参加抢险救灾条例》的规定，军队在救灾工作中主要承担以下职责：解救、转移或者疏散受困人员；保护重要目标安全；抢救、运送重要物资；参加道路（桥梁、隧道）抢修、海上搜救、核生化救援、疫情控制、医疗救护等专业抢险；排除或者控制其他危重险情、灾情。必要时，军队可以协助地方人民政府开展灾后重建等工作。本条还规定提出救灾请求应当根据“实际需要”，国务院铁路主管部门、铁路管理机构或者县级以上地方人民政府提出需要军队参加抢险救援的请求时，应当按照《军队参加抢险救灾条例》的规定，说明险情或者灾情发生的种类、时间、地域、危害程度、已经采取的措施以及需要使用的兵力、装备等情况。在本条的实际操作中，还应当充分发挥军队驻铁路代表处（室）的作用。

另外，根据《军队参加抢险救灾条例》第十条的规定“军队参加抢险救灾时，当地人民政府应当提供必要的装备、物资、器材等保障,派出专业技术人员指导部队的抢险救灾行动;铁路、交通、民航、公安、电信、邮政、金融等部门和机构,应当为执行抢险救灾任务的部队提供优先、便捷的服务。军队执行抢险救灾任务所需要的燃油,由执行抢险救灾任务的部队和当地人民政府共同组织保障”。

至于军队参加事故救援的经费问题,《军队参加抢险救灾条例》第十三条第一款规定:“军队参加国务院组织的抢险救灾所耗费用由中央财政负担。军队参加地方人民政府组织的抢险救灾所耗费用由地方财政负担。”根据这一精神,军队参加救援所产生的费用由地方人民政府或者铁路部门负担。具体的费用应当包括:购置专用物资和器材费用,指挥通信、装备维修、燃油、交通运输等费用,补充消耗的携行装备器材和作战储备物资费用,以及人员生活、医疗的补助费用。

第二十四条　有关单位和个人应当妥善保护事故现场以及相关证据,并在事故调查组成立后将相关证据移交事故调查组。因事故救援、尽快恢复铁路正常行车需要改变事故现场的,应当作出标记、绘制现场示意图、制作现场视听资料,并作出书面记录。

任何单位和个人不得破坏事故现场,不得伪造、隐匿或者毁灭相关证据。

【释义】　本条是关于保护铁路交通事故现场以及相关证据的规定。

妥善保护事故现场以及相关证据,对于判明事故原因,查清事故责任具有十分重要的意义。事故现场保护是开展事故调查工作的前提和基础，现场保护的好坏直接影响到事故能否顺利调查清楚、影响到责任追究是否能够落实。为此，本条对铁路交通事故现场保护从四个方面予以了明确：

一是，规定了有关单位和个人妥善保护事故现场以及相关证据的责任。这里所指的"有关单位和个人"主要是指事故现场的铁路运输企业及其工作人员、公安人员以及事故所涉及的沿线单位或者个人。

二是，规定了移交证据的义务，明确要求在事故调查组成立后，有关单位和个人应当将相关证据移交事故调查组，证据移交的对象只能是事故调查组，不能直接移交给事故调查组其中的某一个单位，特别是不能移交给与事故发生有直接关系的单位或者个人，这既是为了保证工作的有序衔接，更主要的是为了保证证据真实性，防止证据"失真"。

三是，对事故现场做出标记、绘制事故现场示意图、制作现场视听资料，并作出书面记录。第一时间保护事故现场，是为了防止在抢救伤员、恢复列车运行中挪动伤员、物品时，对事故现场造成破坏。现场记录包括发生事故的时间、线路、区段、人员伤亡情况、机车车辆及线路损坏情况、现场状况的基本描述和绘制简单的现场图；现场标记就是在必须挪动现场伤员或者物品的原有位置上作出明显标志。有条件的列车司机或者运转车长或现场目击人，可以对现场情况进行拍照、录像。需要注意的是，现场记录必须通过书面形式予以记载。

四是，作出了相关禁止性规定。规定任何单位和个人不得破坏事故现场，不得伪造、隐匿或者毁灭相关证据。这一规定完全符合对证据保护的一般规定,不论是在刑事案件、民事案件还是行政案件中,对证据的保护要求都是十分严格的,如果故意破坏现场,伪造、隐匿或者毁灭相关证据,将要依法追究责任,重者还可能会受到刑事追究。

第二十五条　事故中死亡人员的尸体经法定机构鉴定后,应当及时通知死者家属认领;无法查找死者家属的,按照国家有关规定处理。

【释义】　本条是关于铁路交通事故中死亡人员尸体处置的规定。

对铁路交通事故中的死亡人员的尸体进行处理前,应当经法定机构鉴定,该法定机构一般是指司法鉴定机构、医疗机构等,司法鉴定机构或者医疗机构对检验或鉴定结果作出书面结论后,要通知死者家属认领。实践中,对需要临时看守的死者尸体,一般由公安机关安排邻近的铁路单位、乡村、街道派人看守。先于公安机关到达事故现场的就近车站负责人,也有责任安排就近单位、乡村、街道派人看守。看守的费用由事故调查组指定事故责任者家属或者事故责任者所属单位预先垫付。对于无法查找死者家属的,按照国家有关规定办理。目前,对尸体的处理,主要有以下规定:

一、《殡葬管理条例》

《殡葬管理条例》第十三条规定:“火化遗体必须凭公安机关或者国务院卫生行政部门规定的医疗机构出具的死亡证明。”根据该条例,如果要对铁路交通事故中的无主尸体进行火化,必须要取得公安机关或者国务院卫生行政部门规定的医疗机构开具死亡证明方可处理。

二、《尸体解剖规则》

卫生部发布的《尸体解剖规则》第四条规定"供普通解剖使用的无主尸体，应保存一个月后方可使用。在此一个月内，如发现姓名及通讯地点时，应及时通知尸主，在限期内前来认领。逾期不领者，在呈报主管机关或公安部门批准后，即可解剖。"

三、《交通事故处理程序规则》

公安部发布的《交通事故处理程序规则》第四十一条规定："交通事故造成人员死亡的，由急救、医疗机构或者法医出具死亡证明。尸体应当存放在殡葬服务单位或者有停尸条件的医疗机构。检验尸体不得在公众场合进行。解剖尸体需征得其亲属的同意。检验完成后，应当通知死者亲属在十日内办理丧葬事宜。无正当理由逾期不办理的，经县级以上公安机关负责人批准，由公安机关处理尸体，逾期存放的费用由死者亲属承担。对未知名尸体，由法医提取人身识别检材、采集其他相关信息后，公安机关交通管理部门填写《未知名尸体信息登记表》，报设区的市公安机关有关部门。核查出未知名尸体身份的，通知其亲属或者单位认领并处理交通事故。经核查无法确认身份的，应当在地（市）级以上报纸刊登认尸启事。登报后十日仍无人认领的，由县级以上公安机关负责人或者上一级公安机关交通管理部门负责人批准处理尸体。"

这些是目前对尸体处理比较具体的规定，从上面的这些规定可以看出，无论是何种情况下的尸体处理，都必须要有公安机关或者有关机构的界入，一是要出具死亡证明，二是要通过一定的程序方可处理无法查找死者家属的尸体。对铁路交通事故中的无法查找死者家属的尸体的处理，在没有其他具体规定之前，就应当遵循上述规章规定的处理原则，即由公安机关或者有权医疗机构出具死亡证明后且认定为“无法查找死者家属”后方可处理。

第五章　事故调查处理

本章共六条，分别规定了组织事故调查组的主体、事故调查的期限、事故调查处理过程中的技术鉴定或者评估、事故认定书的制作期限和效力、事故责任单位与有关人员落实防范和整改措施及对其监督检查等方面的内容。

第二十六条　特别重大事故由国务院或者国务院授权的部门组织事故调查组进行调查。

重大事故由国务院铁路主管部门组织事故调查组进行调查。

较大事故和一般事故由事故发生地铁路管理机构组织事故调查组进行调查；国务院铁路主管部门认为必要时，可以组织事故调查组对较大事故和一般事故进行调查。

根据事故的具体情况，事故调查组由有关人民政府、公安机关、安全生产监督管理部门、监察机关等单位派人组成，并应当邀请人民检察院派人参加。事故调查组认为必要时，可以聘请有关专家参与事故调查。

【释义】 本条是关于组织铁路交通事故调查组的主体的规定。

一、组织特别重大事故调查组的主体

考虑到特别重大事故危害严重、影响范围广泛、原因复杂，调查处理的难度大，调查处理工作由地方人民政府或者铁路管理机构牵头组织，其工作的权威性、调查力度都存在一定的困难。参照《生产安全事故报告和调查处理条例》对组织特别重大事故调查组的主体的规定，本条第一款规定：特别重大事故由国务院或者国务院授权的部门组织事故调查组进行调查。本款规定有两层含义：

一是，由国务院组织事故调查组进行调查。

二是，由国务院授权的部门组织事故调查组进行调查。这里的被授权部门，可以是国务院铁路主管部门，还可以是国务院授权的其他部门。

二、组织重大事故、较大事故和一般事故调查组的主体

除了特别重大事故由国务院或者国务院授权的部门组织事故调查组进行调查外，本条第二款、第三款还分别对组织重大事故、较大事故和一般事故调查组的主体作了明确的规定。之所以这样规定，主要是考虑到铁路行业具有其自身特点，也是由铁路行业现行的安全监督管理体制和铁路运输的网络性特点所决定的。

（一）从管理体制来看，铁路管理机构跨省、市设置，事故发生地与责任单位往往不属于同一个地方人民政府管辖范围。由国务院铁路主管部门或者铁路管理机构调查处理，能够及时组织救援，恢复通车，有效协调各有关单位，落实事故责任。如果由地方人民政府及其有关部

门组织事故调查组进行调查,难以跨省市对相关铁路单位进行协调,不利于事故的应急救援和快速妥善处理。

(二)从铁路专业特性来看,铁路交通事故特别是铁路行车事故的发生,往往涉及多方面复杂因素,如基础设施、移动设备、施工质量、设备质量、行车指挥等,专业性和技术性非常强。由国务院铁路主管部门、铁路管理机构组织事故调查组进行调查,有利于准确分析事故原因、科学认定事故责任,及时进行事故责任处理。而对于专业和技术特点比较突出的事故,如果由其他行政机关或者单位组织事故调查组进行调查,可能对事故定性和处理都是比较困难的。

(三)从铁路快速发展的需要来看,随着铁路连续六次大提速和国务院批准的《中长期铁路网规划》的实施,大规模的客运专线不断投入建设,时速 200km 以上的列车大量开行,对安全监管、事故处理效率和专业技术要求将会更高,必须要有一支组织健全、专业过硬、反应迅速的专门安全监管队伍快速高效地调查处理事故。

(四)从以往铁路路外伤亡事故处理的情况来看,据统计,2005 年铁路发生路外伤亡事故 11219 起,其中重大事故仅 6 起。目前除重大事故外,大量的路外伤亡事故是由铁路管理机构组织事故调查组进行调查的。如果这 1 万多起路外伤亡事故都改由地方人民政府组织事故调查组进行调查,一是地方人民政府受人力物力所限,无法兼顾;二是很多事故都发生在人烟稀少的铁路沿线,如果等地方人民政府来组织事故调查组进行调查,可能会大大延误事故调查处理的时间,影响铁路迅速恢复通车。既不符合现行的铁路交通事故调查处理体制,也可能影响铁路运输畅通，对国民经济和社会发展造成不利后果。

为此，本条例将组织除特别重大事故外的其他事故调查组的权限赋予了国务院铁路主管部门、铁路管理机构。对国务院铁路主管部门和铁路管理机构的分工，在本条第二款、第三款作了规定，重大事故由国务院铁路主管部门组织事故调查组；较大事故和一般事故由铁路管理机构组织事故调查组。但是国务院铁路主管部门认为必要时，可以组织事故调查组对较大事故和一般事故进行调查。

三、事故调查组的组成

本条第一、二、三款只是规定了组织不同等级铁路交通事故调查组的主体，而铁路交通事故的调查处理实行的是由多部门组成的联合事故调查组进行调查的体制，组织事故调查组的机关或者铁路管理机构在其中发挥组织作用，直接领导事故调查组开展事故调查工作。为此，本条第四款专门对事故调查组的成员单位和组成人员作了明确规定，即根据事故情况，事故调查组由有关人民政府、公安机关、安全生产监督管理部门、监察机关等单位派人组成，并应当邀请人民检察院派人参加。人民检察院参与事故调查，有一定的司法介入的性质，应当明确事故调查与检察院立案后开展的案件侦查，是属于完全不同的两种行为，前者属于行政行为，而后者具有司法性质，两者之间在调查取证方面可以互相配合，但最终的调查结论是有一定区别的。需要强调的是，上述事故调查组的组成并非只限制上述所列部门，根据事故调查的需要，其他行政机关也可参加事故调查，如在铁路道口发生农用车与铁路机车车辆相撞的事故时，当地的公安、交通和农机主管部门也应当参加事故调查组,参与事故调查处理。

考虑到铁路交通事故的专业性和复杂性,事故调查组遇到疑难问题,例如技术难题时,邀请有关专家参与事故调查是十分必要的。因此,本条第四款还规定,事故调查组认为必要时,可以聘请有关专家参与事故调查。

第二十七条　事故调查组应当按照国家有关规定开展事故调查,并在下列调查期限内向组织事故调查组的机关或者铁路管理机构提交事故调查报告:

(一)特别重大事故的调查期限为60日;

(二)重大事故的调查期限为30日;

(三)较大事故的调查期限为20日;

(四)一般事故的调查期限为10日。

事故调查期限自事故发生之日起计算。

【释义】　本条是关于事故调查组开展铁路交通事故调查及提交事故调查报告期限的规定。

一、按照国家有关规定开展事故调查

本条第一款采用授权方式规定事故调查组开展事故调查的程序和依据。事故调查组按照国家有关规定开展事故调查。这里的国家有关规定,主要是指《中华人民共和国安全生产法》、《生产安全事故报告和调查处理条例》、本条例和国务院铁路主管部门有关事故调查的规定。比如,《中华人民共和国安全生产法》第七十三条规定:“事故调查处理应当按照实事求是、尊重科学的原则,及时、准确地查清事故原因,查明事故性质和责任,总结事故教训,提出整改措施,并对事故责任者提出处理意见。事故调查和处理的具体办法由国务院制定。”《生产安全事故报告和调查处理条例》第二十六条规定:“事故调查组有权向有关单位和个人了解与事故有关的情况,并要求其提供相关文件、资料,有关单位和个人不得拒绝”,第二十八条规定:“事故调查组成员在事故调查工作中应当诚信公正、恪尽职守,遵守事故调查组的纪律,保守事故调查秘密。”同时,本条例对如何开展事故调查也作出了相应的规定,本条例颁布后,国务院铁路主管部门根据本条例规定制定的有关事故调查的具体规定,也是事故调查组进行事故调查的依据。

二、关于事故调查的期限

规定事故调查期限的目的,就是为了在保证充足的事故调查时间的基础上,提高事故调查组的工作效率,迅速、准确查清事故原因,充分总结事故教训,判明事故责任单位和责任者的责任,并按照规定及时公布事故处理的情况,增强事故调查处理工作的透明度和调查处理结果的公正性。事故调查期限与事故调查难易程度有关,一般来说,事故等级越高,调查的难度就越大,所要求的调查期限也就越长。为此,本条根据事故等级的不同,确定了不同的调查期限:特别重大事故的调查期限为 60 日;重大事故的调查期限为 30 日;较大事故的调查期限为 20 日;一般事故的调查期限为 10 日。

关于期限,本条例与《生产安全事故报告和调查处理条例》的规定有较大的差异,《生产安全事故报告和调查处理条例》规定事故调查组应当自事故发生之日起 60 日内提交事故调查报告;特殊情况下,提交事故调查报告的期限经批准可以延长,但延长的期限最长不超过 60 日。

本条例关于事故调查期限的规定,更加突出了铁路交通事故调查处理的及时性特点,以及尽快恢复铁路正常行车的时间要求。

需要注意的是,本条第二款规定,事故调查期限是从事故发生之日起计算,而不是从事故调查组成立或者开始事故调查时计算。这样规定,主要是为了督促有关行政机关及时成立调查组并迅速开展调查工作,防止推诿拖拉,延误调查时间。另外,根据国家相关法律对期限的规定,事故发生当日应当计算在事故调查期限内。

三、提交事故调查报告

依照本条规定,事故调查组应当在事故调查期限内向组织事故调查组的机关或者铁路管理机构提交事故调查报告。这里需要强调的是,事故调查报告只是向组织事故调查组的机关或者铁路管理机构提交。依照本条例第二十六条的规定,不同等级的铁路交通事故,事故调查组应当向国务院、国务院授权的部门以及国务院铁路主管部门、铁路管理机构提交事故调查报告。当然,考虑到大部分铁路交通事故是由国务院铁路主管部门和铁路管理机构组织事故调查组进行调查,所以大部分事故的调查组是向国务院铁路主管部门和铁路管理机构提交事故调查报告。

第二十八条　事故调查处理,需要委托有关机构进行技术鉴定或者对铁路设备、设施及其他财产损失状况以及中断铁路行车造成的直接经济损失进行评估的,事故调查组应当委托具有国家规定资质的机构进行技术鉴定或者评估。技术鉴定或者评估所需时间不计入事故调

查期限。

【释义】 本条是关于铁路交通事故调查处理过程中进行技术鉴定和直接经济损失评估的规定。

铁路交通事故发生不仅涉及人的操作行为、管理行为等,而且会涉及铁路设备、设施以及其他财产损失状况的技术鉴定以及中断铁路行车造成的直接经济损失评估。因此,在事故调查处理过程中进行技术鉴定和损失评估往往是确定事故原因的有效途径和技术支持,也是判定事故等级,开展事故调查的一个重要依据。对事故原因作出科学判断,对事故损失作出准确鉴定和评估,是事故调查处理的一个重要方面,对于准确判定事故责任,划分赔偿比例,总结经验教训,妥善处理事故责任人具有十分重要意义。但是,由于铁路交通事故调查有时会受到专业性、技术性的限制,不依靠精确的检测仪器和专业的技术人员,很难对事故原因及其损失作出准确判断。所以,为保证对事故原因及其损失分析判断的准确性、权威性,本条对事故调查处理过程中,委托专门机构进行技术鉴定或者评估作出明确规定,主要包括以下几层意思:

首先,要不要进行技术鉴定、评估以及鉴定、评估的范围,应当由事故调查组根据事故调查的实际需要决定。

其次,由谁进行技术鉴定或评估,由事故调查组委托,不能由事故发生单位决定。

再次,承担技术鉴定和评估的单位要具备国家规定的资质。进行事故技术鉴定的单位资质一般由国务院安全生产监督管理部门、省级安全生产监督管理部门或者国务院铁路主管部门、铁路管理机构授予。不具备国家规定资质的单位作出的技术鉴定结果无效,事故调查组也不能委托其进行技术鉴定。

最后,明确了技术鉴定或者评估所需时间与事故调查期限的关系。本条例第二十六条对事故调查期限作出明确规定的目的,是为了规范事故调查行为,促进事故调查组高效行使职权。但是规定事故调查期限必须确保事故调查组能够履行职责,了解清楚事故原因,保证事故调查质量为前提。对于事故调查中不能由事故调查组自己决定的事项,事故调查组无法承诺也不能保证该项活动在多长时间内完成。本条涉及的专门机构进行的事故鉴定或者评估时间,事故调查组无法掌握进度,也无法保证在事故调查期限内一定能够完成。为了保证事故调查处理达到公平、公正的效果,保证调查期限规定的严肃性,本条专门规定技术鉴定或者评估所需时间不计算在事故调查期限内。这一规定有利于科学、彻底地查清事故原因,确定铁路设备、设施及其他财产损失状况以及中断铁路行车造成的直接经济损失。

第二十九条　事故调查报告形成后,报经组织事故调查组的机关或者铁路管理机构同意,事故调查组工作即告结束。组织事故调查组的机关或者铁路管理机构应当自事故调查工作结束之日起15日内,根据事故调查报告,制作事故认定书。

事故认定书是事故赔偿、事故处理以及事故责任追究的依据。

【释义】 本条是关于铁路交通事故认定书的制作期限和效力的规定。

一、事故调查组工作的结束

根据本条例第二十七条规定，事故调查组应当在规定的事故调查期限内，向组织事故调查组的机关或者铁路管理机构提交事故调查报告。但是，应当明确的是，事故调查组将事故调查报告提交给组织事故调查组的机关或者铁路管理机构后，并不必然标志着事故调查组工作的结束。只有经收到事故调查报告的机关或者铁路管理机构同意后，事故调查组的工作方可宣告结束。如果组织事故调查组的机关或者铁路管理机构对事故调查报告提出异议，事故调查组仍应继续调查，核实事故调查报告中所陈述的事实。

二、铁路交通事故认定书的效力和制作期限

我国对交通事故责任的认定性质历来存在两种认识：一种认为，对交通事故的责任认定是行政行为，一旦行政机关作出事故责任认定而当事人不服时，则当事人可以向上一级行政机关申请行政复议，上一级行政机关在接到复议申请后，应当作出维持、变更或者撤销的决定。当事人对复议决定不服的，还可以向人民法院提起行政诉讼；另一种认为，对交通事故的责任认定是国家行政部门对事故性质进行的一种权威性的鉴定，当事人对行政机关事故责任认定决定不服的，可以在接到交通事故责任认定书后，向上一级行政机关申请重新认定。上一级行政机关在接到重新认定申请书后，应当作出维持、变更或者撤销的决定。当事人对上一级行政机关作出的重新认定事故责任书仍然不服的，还可以再申请重新认定，但却不能提起行政诉讼。我国道路交通事故处理就采取的是第二种理论。由于铁路交通事故与道路交通事故的性质基本一样，所以本条例也采取了第二种理论。

之所以采取第二种理论，主要考虑以下两个方面的原因：一是，对铁路交通事故当事人作出责任认定，是对当事人是否违反铁路运输安全管理法律法规、对引起铁路交通事故后果的过错程度的判断，虽然直接影响当事人的民事权益，但不能完全等同于民事诉讼中对当事人责任的区分。二是，认定铁路交通事故责任需要掌握专门的铁路专业知识，具备一定的铁路交通事故技术分析水平。

由此可见，铁路交通事故认定书的制作主体是组织事故调查组的机关或者铁路管理机构，他们根据事故调查报告中有关现场勘察、技术分析和检验、鉴定评估结论，对事故原因、损失情况以及责任等情况，作出权威性的事故责任的判定，是最终处理铁路交通事故，分清当事人造成事故后果、责任大小及经济赔偿的依据。为此，本条对铁路交通事故认定书的效力也作了明确，即铁路交通事故认定书是“事故赔偿、事故处理以及追究事故责任的依据”，有关机关或者人民法院在处理铁路交通事故损害赔偿案件、确定当事人的民事责任时，在没有相反证据证明的情况下，应当以此为认定事故责任和审理案件的依据。

关于事故认定书的制作期限，按照本条规定，应当自事故调查组工作结束之日起15日内作出。

另外，根据现行法律的有关规定，组织事故调查组的机关或者铁路管理机构对事故责任的认定可以参照以下原则确定：

一是，铁路列车、机车、车辆在运行或运动过程中，由于其铁路行车设备损坏、故障原因，发生列车或者机车、车辆脱轨，以及火灾、爆炸铁路交通事故时，致使列车或者机车车辆在运动中偏离轨道，侵入铁路线路安全保护区以外造成地面人员和财产损失时，没有证据证明受害人有过错的，铁路运输企业应负主要或者全部责任。

二是，铁路运输企业作业人员违反《中华人民共和国铁路法》、《铁路运输安全保护条例》、《中华人民共和国道路交通安全法》、《中华人民共和国道路交通安全法实施条例》、《中华人民共和国治安管理处罚法》等违法、违规及与铁路有关的规章造成铁路交通事故时，没有证明受害人有过错的，铁路运输企业应对铁路交通事故负主要或者全部责任。

三是，铁路工作人员以外的人员违反《中华人民共和国铁路法》、《中华人民共和国道路交通安全法》、《中华人民共和国道路交通安全法实施条例》、《中华人民共和国治安管理处罚法》、《铁路运输安全保护条例》等国家相关法律、法规、规章造成铁路交通事故时，铁路运输企业履行了相关的安全管理和注意义务的，其行为人应对铁路交通事故负主要或者全部责任。

四是，由于相关部门、行为人违反相关法律、法规、有关规章制度的规定，造成的铁路交通事故，事故双方都有过错的，其责任按照过错的严重程度，分别承担主要责任、同等责任、次要责任。

第三十条　事故责任单位和有关人员应当认真吸取事故教训，落实防范和整改措施，防止事故再次发生。

国务院铁路主管部门、铁路管理机构以及其他有关行政机关应当对事故责任单位和有关人员落实防范和整改措施的情况进行监督检查。

【释义】 本条是关于铁路交通事故责任单位和有关人员落实防范和整改措施，以及对其进行监督检查的规定。

一、事故责任单位和有关人员负责落实防范和整改措施

事故调查组查清事故原因的目的，不仅是为了分清事故责任，追究责任者的责任，更重要的是为了更好地吸取教训，防止同类事故的再次发生。这既要严格按照铁路“四不放过”原则，即“事故原因未查明不放过，责任人未处理不放过，整改措施未落实不放过，有关人员未受到教育不放过”，对事故进行认真查处，依法追究事故直接责任人和相关责任人的责任，严肃查处违法违纪行为，也同时督促铁路其他单位和部门深刻吸取事故教训，查找同类问题，制定防范措施，健全管理制度，切实加强和改进安全生产工作，从源头上防止事故的发生。

依照本条第一款的规定，事故责任单位和有关人员应当认真吸取事故教训，落实防范和整改措施，防止事故再次发生。每年发生的铁路交通事故中，有相当比例是由于铁路运输企业及相关的单位和人员违反铁路运输安全法律、行政法规、规章、标准和有关技术规程等人为原因造成的。例如，不遵守安全管理制度，管理人员违章指挥，职工违章违法冒险作业，企业不对职工进行安全和作业培训等。为此，事故责任单位和有关人员应当认真反思，吸取教训，查找安全生产管理方面的不足和漏洞，对于事故调查组在查明原因的基础上，提出的有针对性的问题和要求，事故责任单位和有关人员必须不折不扣地予以落实。

二、国务院铁路主管部门、铁路管理机构等对落实防范和整改措施的监督检查

本条第二款进一步明确了国务院铁路主管部门、铁路管理机构以及其他有关行政机关，对事故责任单位和有关人员落实防范和整改措施的情况进行监督检查的职责。建国以来，我国在铁路交通事故调查处理法制建设方面取得了很大的成绩，逐步建立起以《中华人民共和国铁路法》、《中华人民共和国安全生产法》等相关法律为龙头，以《铁路运输安全保护条例》等行政法规为主体，以一大批事故处理规章为基础的铁路交通事故调查处理法规体系。但是事故调查中提出的事故整改方案和措施是否落到实处，直接关系到事故的防范效果。在进一步规范事故应急救援和调查处理工作的同时，还必须加大对事故责任单位和个人落实整改措施的监督检查。

第三十一条　事故的处理情况，除依法应当保密的外，应当由组织事故调查组的机关或者铁路管理机构向社会公布。

【释义】　本条是关于铁路交通事故处理情况向社会公布的规定。

铁路交通事故处理情况是指铁路交通事故发生后，经过事故调查后提出的对事故责任单位及有关人员的处理意见以及落实的情况和信息。具体内容包括对事故责任单位及有关责任人的处罚、处分、追究刑事责任等及落实情况、防范和整改措施及其落实情况等。

一、建立铁路交通事故处理情况公布制度的作用

建立铁路交通事故处理情况向社会公布制度，主要

有三个方面的作用：

一是，公布事故处理情况，具有宣传、教育和警示的作用。首先是对铁路运输安全管理中存在的薄弱环节甚至重大隐患的单位管理人员具有警示和提醒的作用，促使其吸取教训，对照本单位存在的问题，加强安全生产管理，增加安全生产投入，改善安全生产条件，认真排除事故隐患，更加重视安全生产，进而达到预防和减少事故的效果。同时，也有助于使广大社会公众受到教育，提高全社会的安全生产意识，形成人人保护铁路运输安全的良好社会氛围。

二是，有利于充分发挥社会的监督作用。将事故处理情况向社会公布，让社会公众了解、掌握事故处理的有关情况，有利于社会公众对铁路交通事故处理情况及铁路主管部门等有关政府部门工作情况的监督，有利于促进事故处理的客观、公正，进一步改进铁路运输安全工作。

三是，有利于建设更加公开透明的政府。公开事故处理情况，对于建设透明政府，改进行政机关工作效能，具有重要的意义。将于2008年5月1日起正式施行的《中华人民共和国政府信息公开条例》第九条规定："行政机关对符合下列基本要求之一的政府信息应当主动公开：（一）涉及公民、法人或者其他组织切身利益的；（二）需要社会公众广泛知晓或者参与的；（三）反映本行政机关机构设置、职能、办事程序等情况的；（四）其他依照法律、法规和国家有关规定应当主动公开的。"根据这一规定，铁路交通事故的处理情况也应当向社会公布。

二、需要注意的几个问题

理解本条的内容还应当注意四个方面的问题：

一是，并非铁路交通事故的所有信息都必须向社会公布，考虑到行政机关的工作量以及公众关注的焦点，本条规定公布的信息主要是事故处理方面的内容，而诸如事故的应急救援、调查组内部的协调以及铁路运输秩序的调整等信息则不属于必须公布的范围。

二是，并非有关事故调查的信息都必须全部公布，公布事故调查信息的前提是不涉及有关保密内容，也就是说在不涉及国家秘密、商业秘密或者个人隐私的前提下，才可以公布事故处理的情况。《中华人民共和国政府信息公开条例》也建立了相应的政府信息公开审查机制，规定行政机关在公开政府信息前，应当依照《中华人民共和国保守国家秘密法》及其他法律、法规、规定，对拟公开的政府信息进行审查；对政府信息不能确定是否可以公开时，应当依法报有关主管部门或者同级保密工作部门确定；行政机关不得公开涉及国家秘密、商业秘密、个人隐私的政府信息。对国家秘密的判断主要按照《中华人民共和国保守国家秘密法》、《中华人民共和国国家安全法》等法律、法规、规定予以界定。

三是，有权公布事故处理情况的主体是组织事故调查组的机关或者铁路管理机构，其他参与事故调查组的行政机关或者组织无权擅自向社会公布事故处理信息。这一规定，既是组织事故调查组的机关或者铁路管理机构的职责，也是其所专门享有的权力。

四是，公布方式可以是一种形式，也可以同时采用多种形式。例如，可以通过政府网站的形式公布，也可以通过召开新闻发布会的形式公布。

第六章 事故赔偿

本章共五条，包括铁路交通事故赔偿的原则，铁路旅客人身伤亡和自带行李损失赔偿责任限额，铁路运输企业承运的货物、包裹、行李损失的赔偿责任，铁路交通事故造成其他人身伤亡或者财产损失的赔偿依据以及事故当事人对事故损害赔偿有争议时的救济途径。

铁路交通事故发生后，妥善进行事故赔偿，对于维护铁路运输安全，保证铁路运输生产秩序，依法维护铁路交通事故当事人的合法权益，具有重要意义。

第三十二条 事故造成人身伤亡的，铁路运输企业应当承担赔偿责任；但是人身伤亡是不可抗力或者受害人自身原因造成的，铁路运输企业不承担赔偿责任。

违章通过平交道口或者人行过道，或者在铁路线路上行走、坐卧造成的人身伤亡，属于受害人自身的原因造成的人身伤亡。

【释义】 本条是关于铁路交通事故发生后，铁路运输企业承担赔偿责任的基本原则的规定。

本条共两款，包括两个方面的含义。一是铁路运输企业对铁路交通事故造成人身伤亡的一般赔偿原则，二是列举受害人自身原因造成人身伤亡的几种最常见情形。

本条的上位法依据主要是1990年全国人大常委会颁布的《中华人民共和国铁路法》。《中华人民共和国铁路法》在遵循《中华人民共和国民法通则》基本原则的基础上，从我国国情出发，从保障铁路运输安全畅通，最大限度地避免或减少事故发生的目的出发，明确铁路交通事故赔偿责任适用严格责任原则（所谓严格责任原则，是指只要发生了损害后果，行为与后果之间有因果关系，不论行为人是否有过错，均要承担赔偿责任，除非侵害人有法定的免责事由）。《中华人民共和国铁路法》第五十八条规定："因铁路行车事故及其他铁路运营事故造成人身伤亡的，铁路运输企业应当承担赔偿责任；如果人身伤亡是因不可抗力或者由于受害人自身原因造成的，铁路运输企业不承担赔偿责任。"同时对受害人自身原因在立法上作了明确的规定："违章通过平交道口或者人行过道，或者在铁路线路上行走、坐卧造成的人身伤亡，属于受害人自身的原因造成的人身伤亡。"

之所以规定铁路运输企业的免责情形，一是铁路运输的特性所决定的。铁路有轨运输的特点，决定了铁路对上线行人有不可避让性。同理，只要行人不违章通过道口或在线路上行走、坐卧，就不会发生路外人员伤亡。这与其他高危作业造成的人身损害有很大不同。特别是在列车高速运行条件下，即使司机发现线路前方有行人或牲畜上道，立即采取鸣笛或紧急制动停车，也往往难以避免惨剧发生。在这种情形下，如果还令铁路运输企业承担赔偿责任，有失公平。

二是依法加强铁路安全管理的需要。目前，全国铁路交通事故中很大一部分是由于行人不遵守有关法律法规的规定，为了图便捷、贪方便，违章通过平交道口或者人行过道，或者在铁路线路上行走、坐卧，避让不及而造成的。这不仅是对自己生命财产的极大的不负责任，也会严重影响到社会公共利益，特别是危及旅客列车上广大旅客的生命财产安全。对于这些行为，无论是1990年颁布的《中华人民共和国铁路法》还是2004年颁布的《铁路运输安全保护条例》都作出了禁止性规定。从赔偿方面对违法行为作出严厉规定，将有利于教育广大群众遵守铁路运输安全的规定，防止事故的发生，切实保护人民群众生命财产安全和铁路运输安全畅通。

另外，《中华人民共和国铁路法》是国家管理铁路的专业法律，《中华人民共和国民法通则》是国家关于民事法律关系方面的基本法律，根据特殊法优于一般法，新法优于旧法的法学原理，有关铁路交通事故人身伤亡的赔偿应当适用《中华人民共和国铁路法》。

一、铁路运输企业承担赔偿原则的一般规定和有关例外规定

本条第一款是关于铁路交通事故造成人身伤亡时，铁路运输企业承担赔偿责任的一般原则的规定，同时，也规定了铁路运输企业可以免除赔偿责任的有关情况。

首先，本条明确规定，铁路交通事故造成人身伤亡的，铁路运输企业应当承担赔偿责任，这是铁路交通事故赔偿的一条基本原则。根据《中华人民共和国铁路法》第五十八条第一款规定："因铁路行车事故及其他铁路运营事故造成人身伤亡的，铁路运输企业应当承担赔偿责任。"本条例作为《中华人民共和国铁路法》的下位法，对铁路交通事故造成人身伤亡的赔偿原则的规定，是完全遵循立法法的基本原则，以上位法为直接依据的。

其次，需要注意的是，本条第一款关于铁路运输企业不承担赔偿责任的例外规定，也同样是严格遵循《中华人民共和国铁路法》的相关规定:《中华人民共和国铁路法》第五十八条第一款中规定:“如果人身伤亡是因不可抗力或者由于受害人自身的原因造成的,铁路运输企业不承担赔偿责任。”

这里所说的“不可抗力”,根据《中华人民共和国民法通则》第一百五十三条的规定,是指不能预见、不能避免并不能克服的客观情况。三个“不能”是构成不可抗力的必备条件。不能预见,是指当事人无法知道事情会在何时何地发生,也无法知道在何时何地会发生什么情况,主观上没有办法知道的客观情况,如洪水、风暴、地震等。不能避免,是指当事人无论采取什么措施,都不能躲避该事件或阻止该事件的发生及其危害后果,如瞬间刮起的大风导致行进中的列车颠覆的事件。不能克服,是指当事人本身的物质条件根本无法战胜某种强力性的力量,比如泥石流发生时造成的隧道被堵。如果能够预料而不采取措施,则不能认为是不可抗力;如果从当事人的实际情况看,完全有能力采取避免或消除危险的措施,当事人没有采取的,也不能认为是不可抗力。不可抗力从其发生的原因看,一般分两类:一类是自然现象,如各种天灾等;一类是社会现象,如大规模的战争等。不管是哪种情况,都必须符合上述三个条件才能认为是不可抗力,才能因此免除铁路运输企业的赔偿责任。从民法的公平原则分析,不可抗力造成铁路交通事故,虽然造成损害,如果铁路运输企业既无过错,又积极采取补救措施,以尽量减少不可抗力造成的损失,那么如果再令铁路运输企业承担赔偿责任,这就违反了公平原则。当然,应该注意的是,不可抗力作为抗辩事由,必须有构成损害结果发生的原因，只有在损害结果完全是由不可抗力引起的情况下，才表明铁路运输企业的行为与损害结果之间无因果联系，同时也表明铁路运输企业没有过错，因此不需要承担赔偿责任。

除了不可抗力外，铁路运输企业不承担赔偿责任的另一种情况是人身伤亡由于受害人自身原因造成的。这里所规定的“受害人自身原因”，主要是指本条第二款规定的几种情形。

二、属于受害人自身原因的几种常见情形

除了在第一款中对不可抗力或者受害人自身原因造成的人身伤亡，铁路运输企业不承担赔偿责任作出总体规定外，本条第二款还专门对属于受害人自身原因造成的人身伤亡的几种具体情形做出了明确界定。也就是说只有发生了《中华人民共和国铁路法》和本条例列举的几种特殊情形，才可能免除铁路运输企业的赔偿责任，除此之外，均不属于铁路运输企业法定的免责事由。

当然，在具体处理铁路交通事故中，并非发生了受害人自身原因的情形，铁路运输企业就一定免责。如果铁路运输企业未能充分履行相关法律法规规定的警示、防护、告知等职责和义务，也要承担相应的责任。只有在铁路运输企业尽到了法定义务的前提下，发生了由于受害人自身原因造成的人身伤亡，铁路运输企业才可以免责。

第三十三条　事故造成铁路旅客人身伤亡和自带行李损失的，铁路运输企业对每名铁路旅客人身伤亡的赔偿责任限额为人民币 15 万元，对每名铁路旅客自带行李损失的赔偿责任限额为人民币 2000 元。

铁路运输企业与铁路旅客可以书面约定高于前款规定的赔偿责任限额。

【释义】 本条是关于铁路交通事故造成铁路旅客人身伤亡和自带行李损失赔偿责任限额的规定。

本条共两款,第一款是关于每名铁路旅客人身伤亡和自带行李损失的赔偿责任限额的规定;第二款是关于铁路运输企业与铁路旅客可以书面约定高于赔偿责任限额的规定。需要特别指出的是,铁路交通事故的发生是本条规定的前提,如果非铁路交通事故造成的旅客伤亡和自带行李损失的赔偿则不属于本条调整的范畴。按照《民法通则》第一百二十三条,如果承运人能够举证证明损害是由受害人故意造成的,则铁路运输企业可以不承担民事责任。

一、承运人对旅客的赔偿责任限额制度概述

(一)赔偿责任限额制度的渊源。

承运人赔偿责任限额制度,主要是指依照法律法规的规定,将承运人赔偿损失的责任限制在一定范围内进行赔偿的法律制度。根据该制度,当承运人对旅客赔偿损失的数额没有超出法定责任限额时,承运人应当按实际损失赔偿;当损失额超过赔偿责任限额时,承运人仅在其赔偿责任限额内承担赔偿责任。

(二)国外和国内相关行业的赔偿责任限额制度。

1. 国际上的作法。

(1)民用航空旅客运输赔偿责任限额制度。世界上一些国家或国际组织确立了民航运输赔偿责任限额。比如,《华沙公约》对航空运输承运人就规定了赔偿限制责任制度,即给承运人的赔偿责任限定了一个最高的数额,承运人只在这个范围内对旅客和货主承担赔偿责任。《华沙公约》规定:“在旅客运输中,承运人对每名旅客的责任以12.5万法郎为限。根据案件受理法院地的法律,可以用分期付款方式赔偿损失的,赔偿的本金总额不得超过此限额。但是,旅客可以通过其同承运人的特别协议,约定一个较高的责任限额。”继《华沙公约》之后的一系列航空运输公约,都承袭了对承运人的限制责任制度。

(2)海上旅客运输赔偿责任限额制度。国际上,一些国家或国际组织在海运中设立了赔偿责任限额制度。例如,《1974年海上旅客及其行李运输的雅典公约》规定:“承运人对每一旅客的死亡或人身伤害所承担的责任,在任何情况下,不得超过每次运输70000金法郎。如果按照受理案件的法院地的法律、损害赔偿金是以分期付款的方式偿付,则这些付款的等值本金价值不得超过所述的限额;承运人对自带行李灭失或损坏的责任,在任何情况下,不得超过每位旅客每次运输12500金法郎。承运人对车辆包括车中或车上的所有行李灭失或损坏的责任,在任何情况下,不得超过每辆车每次运输50000金法郎。”

(3)铁路旅客运输赔偿责任限额制度。一些国家和地区对铁路损害赔偿也设定了赔偿责任限额制度。如德国、印度和我国的台湾地区对铁路损害赔偿设立了最高限额。

2. 国内不同交通运输方式旅客人身伤亡赔偿责任限额规定。

《中华人民共和国港口间海上旅客运输赔偿责任限额规定》规定“对旅客人身伤亡的,承运人在每次海上旅客运输中的赔偿责任限额为每名旅客不超过4万元人民币”。《中华人民共和国道路运输条例》规定“客运经营者在运输过程中造成旅客人身伤亡的赔偿数额参照国家有关港口间海上旅客运输和铁路旅客运输赔偿责任限额的规定办理”。根据国务院1994年发布的《铁路旅客运输损害赔偿规定》的规定,铁路旅客在铁路运输过程中发生人身伤亡和自带行李损失的赔偿,也实行责任限额赔偿制度。之所以要实行责任限额赔偿制度,主要是兼顾保护铁路旅客的切身利益和保障铁路运输业的健康发展两个方面的平衡。

二、铁路交通事故中旅客人身伤亡及自带行李损失赔偿责任限额制度

之所以在本条例中将铁路运输企业对每名铁路旅客人身伤亡的赔偿责任限额由原来的人民币4万元提高到15万元,对每名铁路旅客自带行李损失的赔偿责任限额由原来的人民币800元提高到人民币2000元。主要是基于以下三个方面原因:

一是,修改后的赔偿责任限额符合现阶段我国国民经济和社会发展状况,基本能够满足铁路旅客人身伤亡及自带行李损失赔偿的需求。据统计,2006年全国城镇居民人均可支配收入11759元,农村居民人均纯收入为3578元。根据“(城镇居民人均可支配收入×城镇人口总数+农村居民人均纯收入×农村人口总数)/全国居民人口总数”这一标准计算,我国2006年度城乡居民人均收入7174.53元,以此为基数,修改后的15万元赔偿责任限额约相当于每个居民人均20年的总收入。因此,这一赔偿责任限额基本可以满足现阶段铁路旅客人身伤亡损害赔偿的需求，旅客自带行李损失赔偿责任限额也比较符合现在一般旅客出行自带行李的价值。

二是，提高赔偿责任限额，客观上有利于事故发生后开展理赔工作，防止出现攀比现象，也便于人民法院审理人身伤亡赔偿案件，减少不必要的纠纷。

三是，提高赔偿责任限额，有利于更好地保护铁路旅客的人身、财产权益，充分反映了以人为本的立法指导思想。

三、铁路运输企业与铁路旅客可以书面约定高于赔偿责任限额的规定

本条第二款关于铁路运输企业与铁路旅客可以书面约定高于赔偿责任限额的规定，充分体现了民法上的意思自治原则。

（一）本款规定体现的意思自治原则。

所谓意思自治原则，是指民事主体可以在法律允许的范围内，自由地创设其权利义务，任何机关、组织或个人均不得非法干涉。意思自治原则在合同制度中的表现即合同自由原则，其赋予合同当事人以订立合同的自由、决定合同内容的自由以及选择合同形式及合同相对方的自由。

意思自治原则是市场经济客观要求的法律表现，它反映和保护了市场主体人格的独立、财产和责任的独立，是对民事关系（尤其是合同关系）一般法律准则的高度概括。《中华人民共和国民法通则》、《中华人民共和国合同法》等有关法律制度确立的这一原则，有利于清除计划经济体制下形成的“权力本位”的法律观念，有利于宏扬尊重民事主体合法权利之风，促进我国社会主义市场经济体制的建立和完善。意思自治原则表现了民事主体的个人意志在经济活动领域内依法获得的最大限度的自由，既排除了他人对当事人自由意志的不法干预，也排除了不当行使的国家权力对民事权利的侵犯，集中反映了民法之私法的性质。

铁路运输企业与铁路旅客之间的关系，从本质上来说就是一种合同关系，《中华人民共和国合同法》和《中华人民共和国铁路法》的有关规定也充分反映了这一特征。例如，《中华人民共和国合同法》第十七章专门对"运输合同"做出了规定，这里的"运输合同"涵盖了各种不同交通运输方式的运输合同，既包括旅客运输，也包括货物运输，铁路旅客运输显然也囊括在内。《中华人民共和国铁路法》第十一条也规定："铁路运输合同是明确铁路运输企业与旅客、托运人之间权利义务关系的协议。旅客车票、行李票、包裹票和货物运单是合同或者合同的组成部分。"因此，铁路交通事故造成铁路旅客人身伤亡和自带行李损失的，从法理上而言，直接违反了铁路运输企业和铁路旅客之间的合同关系，这构成了铁路运输企业对铁路旅客的违约责任，而根据《中华人民共和国合同法》的相关规定，合同当事人之间完全可以根据意思自治原则，就一方的违约行为侵害对方人身、财产权益时的损害赔偿额作出约定。

（二）理解本款规定，还需要把握以下四个方面的内涵。

首先，本款的法理基础是作为平等主体的铁路运输合同双方当事人基于民法上的意思自治原则而作出的约定。判定这一约定是否真实有效的首要依据是意思表示必须自愿、真实，任何一方在受欺诈、胁迫，出于重大误解等情况下订立的相关约定，都不符合意思自治原则，因此而约定的赔偿数额也当然无效。

其次，这里规定的行为状态是“可以”而不是“应当”。因此，本款规定是一项授权性规定而非强制性规定，即铁路运输合同当事人之间可以就损害赔偿数额作出高于赔偿责任限额的约定，也可以不作出这样的约定。当合同当事人未就损害赔偿限额达成一致时，就应当适用本条第一款规定的法定赔偿责任限额。

再次，这种约定是要式法律行为，即必须是以书面形式作出约定才能发生法律效力，这样规定主要是为了维护确认意思表示的真实性、维护合同约定的严肃性，也便于合同双方当事人发生争议后有据可查。

最后，本款对合同当事人双方约定赔偿数额的期限并没有作出明确规定，根据《中华人民共和国合同法》等有关法律、行政法规和国家有关规定，铁路运输企业和铁路旅客一般可以在铁路运输合同成立时至发生铁路交通事故进入理赔阶段后的期限内作出约定。

本款规定，充分吸收了《中华人民共和国合同法》、《中华人民共和国铁路法》和其他有关法律、行政法规的立法经验，符合我国社会主义市场经济发展规律，尊重了当事人之间的意思自治原则，更加有利于保护铁路运输合同当事人双方的民事权利。

第三十四条　事故造成铁路运输企业承运的货物、包裹、行李损失的，铁路运输企业应当依照《中华人民共和国铁路法》的规定承担赔偿责任。

【释义】 本条是关于铁路交通事故造成铁路运输企业承运的货物、包裹、行李损失，铁路运输企业应当承担赔偿责任的规定。

一、造成货物、包裹、行李损失的赔偿原则

《中华人民共和国铁路法》第十七条规定："铁路运输企业应当对承运的货物、包裹、行李自接受承运时起到交付时止发生的灭失、短少、变质、污染或者损坏，承担赔偿责任：（一）托运人或者旅客根据自愿申请办理保价运输的，按照实际损失赔偿，但最高不超过保价额。（二）未按保价运输承运的，按照实际损失赔偿，但最高不超过国务院铁路主管部门规定的赔偿限额；如果损失是由于铁路运输企业的故意或者重大过失造成的，不适用赔偿限额的规定，按照实际损失赔偿。托运人或者旅客根据自愿可以向保险公司办理货物运输保险，保险公司按照保险合同的约定承担赔偿责任。"

据此规定，在铁路货物（包括承运的包裹、行李）运输中，作为承运人的铁路运输企业应当保证货物运输的安全，在运送期间，如果发生了铁路交通事故，造成托运人的货物灭失、短少、变质、污染或者损坏的，铁路运输企业应当承担赔偿责任。按照《中华人民共和国铁路法》第十七条规定，货物在运输过程中发生铁路交通事故，造成托运人货物（包括行李、包裹）损失，应当承担赔偿责任。铁路运输企业责任赔偿分为两种，一种是保价赔偿，另一种是限额赔偿。

（一）保价运输赔偿制度。

铁路保价运输，是指托运人在托运货物时向承运人声明货物实际价值，并缴纳相应的费用，当货物在运输过程中发生损失时，承运人按照托运人的声明价值赔偿损失。因此，保价运输实质是铁路运输合同当事人就货物运输中的损坏赔偿预先作出的约定。托运人选择保价运输的，一旦发生运输货物损坏，承运人按照约定赔偿损失。

保价运输是货物运输通常的做法，绝大多数国家货物运输法律都有规定。在国际运输公约中也有相同的规定。如《日本铁路营业法》中规定，旅客和货主在托运行李或者货物时，自愿在运单上填写保价。保价运输货物发生损失，按实际损失赔偿，但最高不超过保价额。未标明保价额的物品发生损坏的，承运人按限额赔偿。但属于承运人的故意或者重大过失除外。在我国参加的《国际铁路货物联运协定》第二十五条中规定，货物毁损时，铁路应支付相当于货物价格减低额的款额，不赔偿其他损失。声明价值的货物毁损时，铁路应按照相当于货物由于毁损而减低价格的百分数，支付声明价值的部分赔款。我国民航、铁路、公路和水路四种运输方式都开展了保价运输。在《中华人民共和国民用航空法》和《中华人民共和国海商法》中，称为声明价值；在《中华人民共和国铁路法》和道路运输、水路运输法律、法规中称为保价运输。

（二）货物运输赔偿限额制度。

铁路运输企业的限额赔偿，是指未办理保价运输的货物发生损失后需要赔偿的，承运人按照国务院铁路主管部门规定的限额赔偿。这一制度则是按照法定的限额对财产损失人进行赔偿，也是目前世界上比较普遍采用的一种货物运输赔偿制度。

（三）保险货物损失赔偿制度。

根据《中华人民共和国铁路法》第十七条规定，货物损失还有保险责任赔偿。

保险货物赔偿，是指托运人与保险人签订了有关铁路货物运输保险协议，托运人支付一定的保险费用，当货物在铁路运输过程中发生损坏，保险公司按照运输保险合同的约定支付保险赔偿。通常铁路运输保险责任分为基本险和综合险两种。基本险一般是指货物在铁路运输过程中因不可抗力或者意外事故造成的损失；综合险除基本险责任外，还包括一些其他约定的赔偿，综合险的赔偿责任范围多于基本险。

二、铁路运输企业的免责情形

在《中华人民共和国铁路法》第十七条规定的情况下，铁路运输企业应当对承运的货物、包裹、行李自接受承运时起到交付时止发生的灭失、短少、变质、污染或者损坏，承担赔偿责任。这也是货物运输赔偿的一项基本原则。但是，同时需要注意的是，《中华人民共和国铁路法》第十八条规定："由于下列原因造成的货物、包裹、行李损失的，铁路运输企业不承担赔偿责任：（一）不可抗力；（二）货物或者包裹、行李中的物品本身的自然属性，或者合理损耗；（三）托运人、收货人或者旅客的过错。"在这三种法定情况下，铁路运输企业不承担货物运输赔偿责任的。

（一）不可抗力。

不可抗力是指不能预见、不能避免并不能克服的客观情况。铁路运输企业对不可抗力造成的损失不负赔偿责任。

（二）货物或者包裹、行李中的物品本身的自然属性，或者合理损耗。

物品本身的自然属性，主要是指物品的物理特性导致物品发生质和量的变化，从而发生的物品损失，这种情况下，铁路运输企业主观上没有不履行合同义务的过错，当然也就应当免除赔偿责任。例如，因物品本身的属性造成生锈、变质、自燃等。

损耗就是因物品本身的原因而造成货物或者包裹、行李数量的减少。如果这种损耗是在允许的范围之内，则是合理损耗，铁路运输企业也就不必承担责任。

（三）托运人、收货人或者押运人的过错。

过错是主观上有故意和过失，是当事人违反合同义务时的主观上的心理状态。当然，任何一种主观过错都必然会通过当事人的外部行为表现出来，据此，判断托运人、收货人或押运人的过错主要包括以下四个方面：

1. 货物、包裹、行李包装上存在问题，且无法从外部发现的；

2. 托运人自装车的货物，加固材料不符合规定的条件，交货时铁路运输企业无法从外部发现的；

3. 押运人应当采取而未采取保证货物安全的措施；

4. 收货人负责卸货造成的损失。

三、铁路运输企业承担货物、包裹、行李赔偿责任的认定

铁路运输企业作为货物的承运人，在运输过程中发生铁路交通事故，对承运货物的损失在下列条件下应当承担赔偿责任：

1. 承运的货物发生损害后果。在货物运输中，如果发生货物的丢失、短少、变质、污染和损坏的，就构成货物的损失，运输的实际损失即为货物运输的损害后果。如果发生了铁路交通事故，但没有造成上述的损害后果，则铁路运输企业就可以不承担赔偿责任。

2. 损害发生在法定期间内。货物的损失必须发生在货物运输期间之内，即从铁路运输企业承运货物时起，至货物交付收货人或者依照有关规定处理完毕时止。如果货物在承运人承运货物之前，或者在货物交付收货人之后发生损失，则铁路运输企业就不承担赔偿责任。

3. 铁路运输企业有过错。铁路运输企业的过错分为一般过失、重大过失和故意几种。铁路运输企业的重大过失是指铁路运输企业或者其受雇人、代理人对承运的货物、包裹、行李明知可能造成损失而轻率地作为或者不作为。铁路运输企业的故意是指铁路运输企业或者其受雇人、代理人对承运的货物、包裹、行李明知会造成损失而作为或者不作为；对于重大过失和故意之外的过失，除非铁路运输企业能够证明是由不可抗力或货物本身的原因等事由引起的以外，就应当为推定铁路运输企业的一般过失。

第三十五条　除本条例第三十三条、第三十四条的规定外，事故造成其他人身伤亡或者财产损失的，依照国家有关法律、行政法规的规定赔偿。

【释义】　本条是关于铁路交通事故造成其他人身伤亡或者财产损失的赔偿规定。

本条例第三十三条、第三十四条主要是对铁路交通事故造成的铁路旅客人身伤亡和自带行李损失及铁路运输企业承运的货物、包裹、行李损失的赔偿规定。除第三十三条、第三十四条规定的以外,事故造成其他人身伤亡或者财产损失的赔偿,依照国家有关法律、行政法规的规定赔偿。因事故造成的人身伤亡除旅客之外,还可能有铁路沿线的行人、居民、铁路作业人员及其他工作人员等。

一、关于路外人员的损害赔偿

所谓"路外人员"是指除从事铁路作业、铁路工作以外的其他人员。对铁路交通事故造成的路外人员伤亡赔偿分四种情形。

第一种情形是对于违章通过铁路道口或者人行过道,或者在铁路线路上坐卧、行走造成的人身伤亡,适用《中华人民共和国铁路法》第五十八条和本条例第三十二条的规定,属于受害人自身原因造成的,只要铁路运输企业没有违反相关法律法规规定,尽到了法定义务,铁路运输企业就不承担赔偿责任。

第二种情形对不可抗力导致铁路交通事故造成的人身伤亡,也适用《中华人民共和国铁路法》第五十八条和本条例的规定,铁路运输企业也不承担赔偿责任。

第三种情形是因受害人故意造成的人身伤亡,如行人有意卧轨自杀,与火车相撞造成伤亡的,依据《中华人民共和国民法通则》的规定,只要铁路运输企业能够证明受害人的行为是其故意造成的,铁路运输企业不承担赔偿责任。

第四种情形是侵权行为造成的路外人员伤亡。这类事故的责任较为复杂,有铁路承担全部责任的,也有铁路和伤亡人员均存在过错需要分担责任的。这类责任在民法上属于侵权责任的范畴，无论是一方承担全部责任，还是双方承担混合责任，在赔偿方面可以适用《中华人民共和国民法通则》或最高人民法院有关司法解释。当事人可以根据这些规定，参照当地的有关标准，协商确定具体的赔偿数额，协商不成的，可以通过民事诉讼解决。

二、关于铁路从业人员的损害赔偿

这里也分两种情况，一种是在岗的铁路从业人员，一种是非在岗的铁路从业人员。对铁路在岗的作业人员的损害赔偿，应当依照《中华人民共和国劳动法》、《劳动保险条例》、《工伤保险条例》等相关法律、行政法规的规定进行赔偿。例如，《中华人民共和国劳动法》第七十三条规定："劳动者在下列情形下，依法享受社会保险待遇：(一)退休；(二)患病、负伤；(三)因工伤残或者患职业病；(四)失业；(五)生育。"《工伤保险条例》第二十九条规定："职工因工作遭受事故伤害或者患职业病进行治疗，享受工伤医疗待遇。职工治疗工伤应当在签订服务协议的医疗机构就医，情况紧急时可以先到就近的医疗机构急救。治疗工伤所需费用符合工伤保险诊疗项目目录、工伤保险药品目录、工伤保险住院服务标准的，从工伤保险基金支付。工伤保险诊疗项目目录、工伤保险药品目录、工伤保险住院服务标准，由国务院劳动保障行政部门会同国务院卫生行政部门、药品监督管理部门等部门规定。职工住院治疗工伤的，由所在单位按照本单位因公出差伙食补助标准的70%发给住院伙食补助费；经医疗机构出具证明，报经办机构同意，工伤职工到统筹地区以外就医的，所需交通、食宿费用由所在单位按照本单位职工因公出差标准报销。工伤职工治疗非工伤引发的疾病，不享受工伤医疗待遇，按照基本医疗保险办法处理。”

对于不在岗作业的铁路从业人员在工休时外出，遭遇铁路交通事故，导致人身伤亡的，应视同一般路外人员伤亡，如果符合《中华人民共和国铁路法》第五十八条规定的情形，按照《中华人民共和国铁路法》和本条例第三十二条处理，铁路运输企业不承担赔偿责任。不适用免责事由的，根据《中华人民共和国民法通则》的规定按责任赔偿。

三、关于其他财产损失

“其他财产损失”，主要是指铁路交通事故造成的铁路沿线居民住宅、厂房等建筑物，车辆、牲畜等财产，以及铁路设施设备等损失。这类财产损失的赔偿，既可能是铁路运输企业对受害人财产损失的赔偿，也可能是受害人对铁路运输企业财产损失的赔偿。主要依据《民法通则》的规定，按责任比例分担赔偿。

第三十六条　事故当事人对事故损害赔偿有争议的，可以通过协商解决，或者请求组织事故调查组的机关或者铁路管理机构组织调解，也可以直接向人民法院提起民事诉讼。

【释义】　本条是关于铁路交通事故当事人对事故损害赔偿有争议时的救济途径的规定。

铁路交通事故发生后，在事故善后处理过程中，时常会出现事故当事人各方对铁路交通事故损害赔偿的方式、数额等产生争议的情况，在这种情况下，有必要为事故当事人提供有效的争议解决途径。本条的规定，一方面可以较大程度地化解事故当事人各方之间的矛盾；另一方面，也能够保障事故当事人认为自身合法权益受到侵犯时，可以通过法定的途径维护自身合法权益，从而可以有效化解社会矛盾，切实保障事故当事人各方的合法权益，充分维护正常的铁路运输秩序，最终促进整个社会经济生活和谐发展。

本条主要规定了三种形式的救济途径，分别是事故当事人协商解决、请求组织事故调查组的机关或者铁路管理机构组织调解、直接提起民事诉讼。

一、事故当事人协商解决

事故当事人自行协商解决，是当铁路交通事故当事人各方对事故损害赔偿发生争议时，依据有关法律、法规、规章和有关规范性文件的规定，自行协商，解决争议的一种方式。事故当事人协商解决，是意思自治原则在事故损害赔偿阶段的体现，当事人各方在尊重事实，依据法律的基础上，就事故损害赔偿争取达成协商一致。

规定事故当事人可以协商解决事故损害赔偿争议，体现了立法为构建社会主义和谐社会服务的基本原则。事故当事人协商解决争议，可以使各方面的利益关系得到妥善协调，人民内部矛盾得到正确处理，社会公平和正义得到切实维护和实现，也有利于人民平等友爱、融洽相处。

二、请求组织事故调查组的机关或者铁路管理机构组织调解

调解，是指发生纠纷的双方当事人，在第三者的主持下，通过第三者依照法律和政策的规定，对双方当事人的思想进行排解疏导，说服教育，促使发生纠纷的双方当事人，互相协商，互谅互让，依法自愿达成协议，由此而解决纠纷的一种活动。我国调解制度包括法院调解、人民调解和行政调解三大调解制度体系。本条规定的事故当事人请求组织事故调查组的机关或者铁路管理机构组织调解，性质上属于行政调解范畴。

所谓行政调解，是国家有关行政机关依照法律规定，在其行使行政管理的职权范围内，对特定的民事纠纷及轻微刑事案件进行的调解。调解的范围包括民事纠纷、经济纠纷和轻微的刑事纠纷。行政调解也应同法院调解和人民调解一样，均应当在查明事实、分清是非、明确责任的基础上，说服当事人互谅互让，依照法律、法规及有关政策的规定，让双方当事人自愿达成协议解决争端。因此，合法和自愿是调解必须遵守的原则。另外，行政调解和人民调解一样，还必须坚持保护当事人诉讼权利的原则。这实质与自愿原则是紧密相联的。如果当事人不愿经过调解，或者经过调解达不成协议，或者达成协议后又反悔的，一方或双方当事人都有权向人民法院起诉。这是法律赋予每个公民的诉讼权利。对于调解的方法，有多种多样的灵活方式，这要跟具体的调解人员的知识和经验有关。但总的说来，在调解过程中应做到深入调查研究，虚心倾听当事人的意见，弄清案情，以和蔼耐心的态度，耐心细致的讲理讲法，动之以情、晓之以理，以理服人，坚持说服教育、方便群众的工作方法。

理解本条的这一规定，除了认识到上述几点外，还应当注意以下三个方面的含义：

首先，这里规定的“调解”必须是由事故当事人主动申请。根据本条规定，只有在事故当事人主动请求组织事故调查组的机关或者铁路管理机构组织调解的前提下，才能进入调解程序。否则，有关机关或者铁路管理机构不能单独启动这一程序。

其次，调解的主体应当是组织事故调查组的机关或者铁路管理机构。根据本条例的有关规定，组织事故调查组的机关或者铁路管理机构根据事故调查报告，制作事故认定书。事故认定书是事故赔偿、事故处理以及事故责任追究的依据。因此，他们对事故情况有着全面、准确、深刻的了解，也具有相应的权威性，可以组织相关的调解活动。

第三，经过组织事故调查组的机关或者铁路管理机构调解，事故当事人所达成的协议对各方具有相应的约束力。主要理由在于：与法院调解相比，行政调解同人民调解一样，属于诉讼外调解，所达成的协议均不具有法律上的强制执行的效力，但对当事人均应具有约束力。因为，行政调解和人民调解一样，均是在自愿的基础上所进行的调解活动，按照现行法律规定，当事人对所达成的协议，都应当自觉履行。因此，行政调解所达成的协议，仍应与人民调解所达成的协议一样，对当事人具有约束力。

三、向人民法院直接提起民事诉讼

民事诉讼，是指当事人因民事权益矛盾或者经济冲突，一方当事人向人民法院提起诉讼，人民法院立案受理，在双方当事人和其他诉讼参与人参加下，由人民法院审理和解决民事案件以及法律规定由人民法院按照民事诉讼程序审理的其他案件，在诉讼和审理过程中，当事人、人民法院和其他诉讼参与人进行的各种诉讼活动以及由此而产生的各种关系的总和。

依照《中华人民共和国民事诉讼法》第三条规定："人民法院受理公民之间、法人之间、其他组织之间以及他们相互之间因财产关系和人身关系提起的民事诉讼，适用本法的规定。"因此，事故当事人对事故损害赔偿有争议的，可以依据《中华人民共和国民事诉讼法》的有关规定向人民法院提起民事诉讼。

（一）关于民事诉讼的级别管辖。

《中华人民共和国民事诉讼法》第十八条规定："基层人民法院管辖第一审民事案件，但本法另有规定的除外。"第十九条规定："中级人民法院管辖下列第一审民事案件：（一）重大涉外案件；（二）在本辖区有重大影响的案件；（三）最高人民法院确定由中级人民法院管辖的案件。"第二十条规定："高级人民法院管辖在本辖区有重大影响的第一审民事案件。"第二十一条规定："最高人民法院管辖下列第一审民事案件：（一）在全国有重大影响的案件；（二）认为应当由本院审理的案件。"

（二）关于民事诉讼的地域管辖。

1. 若铁路交通事故一方当事人选择要求对方当事人承担违约责任，则应当由《中华人民共和国民事诉讼法》第二十八条规定的人民法院管辖。《中华人民共和国民事诉讼法》第二十八条规定："因铁路、公路、水上、航空运输和联合运输合同纠纷提起的诉讼，由运输始发地、目的地或者被告住所地人民法院管辖。"

2. 若铁路交通事故一方当事人选择要求对方当事人承担侵权责任，则应当由《中华人民共和国民事诉讼法》第三十条规定的人民法院管辖。《中华人民共和国民事诉讼法》第三十条规定："因铁路、公路、水上和航空事故请求损害赔偿提起的诉讼，由事故发生地或者车辆、船舶最先到达地、航空器最先降落地或者被告住所地人民法院管辖。”

在司法实践中，最高人民法院对有管辖权的人民法院作了进一步明确，根据《最高人民法院关于适用〈中华人民共和国民事诉讼法〉若干问题的意见》(1992 年 7 月 14 日最高人民法院审判委员会第 528 次会议讨论通过，法发(92)22 号)第 30 条规定，铁路运输合同纠纷及与铁路运输有关的侵权纠纷，由铁路运输法院管辖。

四、需要明确的其他问题

根据本条规定，在出现事故当事人对事故损害赔偿有争议的情形时，无论是协商解决，或者是请求组织事故调查组的机关或者铁路管理机构组织调解，还是向人民法院提起民事诉讼，这三种争议解决方式是并行不悖的，事故当事人可以任意选择其中的一种方式解决争议，任何一种方式都不是其他解决方式的前置程序。

第七章 法律责任

本章共四条，主要规定了铁路运输企业及其职工违反法律、行政法规的规定，造成事故的，以及不立即组织救援，或者迟报、漏报、瞒报、谎报事故的；或者国务院铁路主管部门、铁路管理机构和其他行政机关未立即启动应急预案，或者迟报、漏报、瞒报、谎报事故的，或者干扰、阻碍事故救援、铁路线路开通、列车运行和事故调查处理的行为，所应当承担的法律责任。

法律责任是法律规范的重要构成部分。它是指行为人对其违法行为所应承担的不利的法律后果。任何法律规范不仅要明确规定法律主体的权利和义务，而且要明确规定因违反义务或者侵犯权利而应当承担的责任。法律责任以法律制裁为必然后果。通过法律制裁，对人们起到教育和警示作用，从而实现预防和制止违法行为的目的。设定法律责任的根本目的之一就是促使人们遵守法律规范。

法律责任的主要形式有行政责任、民事责任和刑事责任。本条例是国务院公布的行政法规，从国务院的立法实践看，行政法规规定的法律责任主要是行政责任，包括行政处罚和纪律处分，同时，注意行政责任与刑事责任的衔接。

第三十七条　铁路运输企业及其职工违反法律、行政法规的规定，造成事故的，由国务院铁路主管部门或者铁路管理机构依法追究行政责任。

【释义】　本条是关于对铁路运输企业及其职工违反法律、行政法规的规定造成铁路交通事故应当承担的法律责任的规定。

为了从源头上避免和减少发生铁路交通事故，保障铁路运输安全和畅通，本条专门规定了铁路运输企业及其职工违反法律、行政法规的规定造成铁路交通事故后应当承担的法律责任。

一、本条规定的违法行为主体

本条规定的违法行为的主体包括两类：一类是铁路运输企业；另一类是铁路运输企业职工。

首先，铁路运输企业是否遵守有关安全生产和运营管理的法律、行政法规，建立健全各项安全生产管理制度，是保障铁路运输安全和畅通，避免发生铁路交通事故的首要前提。《中华人民共和国铁路法》、《中华人民共和国安全生产法》、《铁路运输安全保护条例》以及其他有关法律、行政法规和本条例对铁路运输企业应当履行的安全生产管理职责都作了明确规定。如《中华人民共和国铁路法》第四十二条规定："铁路运输企业必须加强铁路的管理和保护，定期检查、维修铁路运输设施，保证铁路设施完好，保障旅客和货物运输安全。"《中华人民共和国安全生产法》第四条规定："生产经营单位必须遵守本法和其他有关安全生产的法律、法规，加强安全生产管理，建立、健全安全生产责任制度，完善安全生产条件，确保安全生产。"《铁路运输安全保护条例》第七条第一款规定："铁路运输企业应当加强铁路运输安全管理，建立、健全安全生产管理制度，设置安全管理机构，保证铁路运输所必需的资金投入。"因此，铁路运输企业作为生产运营单位，是铁路运输安全的责任主体。

其次，铁路运输企业职工是铁路运输企业各项安全生产管理制度的直接执行者和一线工作者，他们担负着具体落实《中华人民共和国铁路法》、《中华人民共和国安全生产法》、《铁路运输安全保护条例》等有关安全生产法律、行政法规以及企业内部安全生产管理规定的职责，如《铁路运输安全保护条例》第七条第二款规定："铁路运输工作人员应当坚守岗位，按程序实行标准作业，尽职尽责，保证运输安全。"铁路运输企业职工违反有关法律、行政法规的规定，造成事故的，也应当承担相应的法律责任。

二、本条规定的违法行为

本条规定的违法行为是指铁路运输企业及其职工违反法律、行政法规导致发生铁路交通事故的行为，这里包括了行为和结果两个方面的要件：

（一）行为要件。

铁路运输企业及其职工有违反法律、行政法规规定的行为。这里所说的“法律、行政法规”，主要指的是上述有关安全生产管理方面的法律、行政法规。

（二）结果要件。

铁路运输企业及其职工的违法行为造成铁路交通事故。铁路运输企业及其职工要承担本条规定的法律责任，除了有违反《中华人民共和国铁路法》、《中华人民共和国安全生产法》、《铁路运输安全保护条例》等安全生产管理方面的法律、行政法规的行为外，还必须造成发生铁路交通事故的后果，这是追究本条所规定的法律责任的结果要件。

三、本条规定的法律责任

本条规定的责任追究形式是行政责任。所谓行政责任，主要是指违法主体违反行政法律规范而依法应当承担的行政法律后果。

行政责任主要包括以下两种形式：

一是，对单位、个人的行政处罚。行政处罚是特定行政机关或者法律法规授权组织依法惩戒违反行政法律规范尚不构成犯罪的单位、个人的一种具体行政行为。根据《中华人民共和国行政处罚法》的规定，行政处罚的种类主要有：警告、罚款、没收违法所得，没收非法财物，责令停产停业，暂扣或者吊销许可证、暂扣或者吊销执照，行政拘留以及法律、行政法规规定的其他行政处罚。例如,《铁路运输安全保护条例》第四十九条规定:“铁路运输企业应当对承运的货物进行安全检查,并不得有下列行为:(一)在非危险品办理站、专用线、专用铁路承运危险货物;(二)未经批准承运超限、超长、超重、集重货物;(三)承运拒不接受安全检查的物品;(四)承运不符合安全规定、可能危害铁路运输安全的其他物品。”第九十二条规定:“违反第四十九条规定的,由国务院铁路主管部门处2万元以上10万元以上的罚款。”

二是,对个人的纪律处分。根据《中华人民共和国行政监察法》、《中华人民共和国公务员法》等法律、行政法规的规定,纪律处分主要是对具有国家工作人员身份的人员给予的处分措施。具体种类包括:警告、记过、记大过、降级、撤职、开除。例如,《铁路运输安全保护条例》第二十四条第二款规定:“桥区航标中的桥梁航标、桥柱标、桥梁水尺标由铁路运输企业负责设置、维护。水面航标由铁路运输企业负责设置,航道管理部门负责维护,所需维护费用按照国家有关规定执行。”第七十九条规定:“违反本条例第二十四条第二款规定的,由国务院铁路主管部门或者上级交通主管部门责令改正,对直接负责的主管人员和其他直接责任人员,给予记过或者记大过的处分。”

四、本条规定的执法主体

本条规定的追究法律责任的主体是国务院铁路主管部门或者铁路管理机构。

《中华人民共和国铁路法》第三条第一款规定:“国务院铁路主管部门主管全国铁路工作,对国家铁路实行高度集中、统一指挥的运输管理体制，对地方铁路、专用铁路和铁路专用线进行指导、协调、监督和帮助。”《铁路运输安全保护条例》第四条规定：“国务院铁路主管部门负责全国的铁路运输安全监督管理工作。国务院铁路主管部门设立的铁路管理机构负责本区域内的铁路运输安全监督管理工作。”第六十二条规定：“国务院铁路主管部门及铁路管理机构应当对有关铁路安全的法律、法规执行情况进行监督检查。”根据《中华人民共和国铁路法》和《铁路运输安全保护条例》的相关规定，铁路安全监督管理的主体是国务院铁路主管部门或者铁路管理机构。据此，本条确定的执法主体有两个：国务院铁路主管部门和铁路管理机构。在实践中，应当严格依照相关法律法规的规定，明确具体的执法主体及其管辖。

第三十八条　违反本条例的规定，铁路运输企业及其职工不立即组织救援，或者迟报、漏报、瞒报、谎报事故的，对单位，由国务院铁路主管部门或者铁路管理机构处10万元以上50万元以下的罚款；对个人，由国务院铁路主管部门或者铁路管理机构处4000元以上2万元以下的罚款；属于国家工作人员的，依法给予处分；构成犯罪的，依法追究刑事责任。

【释义】　本条是关于铁路交通事故发生后，铁路运输企业及其职工不立即组织救援，或者迟报、漏报、瞒报、谎报事故应当承担的法律责任的规定。

一、本条规定的违法行为主体

本条规定的违法行为主体包括两类：一类是铁路运输企业；另一类是铁路运输企业职工。需要注意的是，这里所规定的“铁路运输企业及其职工”，并不仅仅指发生铁路交通事故的铁路运输企业以及在事故现场的铁路运输企业工作人员。

例如，根据本条例第十四条、第十八条的规定，事故发生后，事故现场的铁路运输企业工作人员或者其他人员应当立即报告邻近铁路车站、列车调度员或者公安机关。有关单位和人员接到报告后，应当立即将事故情况报告事故发生地铁路管理机构。事故发生后，列车司机或者运转车长应当立即停车，采取紧急处置措施；对无法处置的，应当立即报告邻近铁路车站、列车调度员进行处置。为保障铁路旅客安全或者因特殊运输需要不宜停车的，可以不停车；但是，列车司机或者运转车长应当立即将事故情况报告邻近铁路车站、列车调度员，接到报告的邻近铁路车站、列车调度员应当立即进行处置。

根据上述规定，接到事故报告的邻近铁路车站、列车调度员也负有向铁路管理机构报告事故情况，以及采取相应的紧急处置措施的义务，如果他们不履行自己的这一义务，不立即组织救援，或者迟报、漏报、瞒报、谎报事故，也会成为本条规定的违法行为主体。

二、本条规定的违法行为

本条规定的违法行为包括两大类，分别对铁路交通事故发生后的应急救援和事故报告过程中可能出现的违法行为设定了相应的法律责任：

（一）不立即组织救援。

铁路交通事故发生后，首要的任务就是立即组织救援，减少人员伤亡和财产损失，恢复铁路正常行车，避免给整个铁路运输网络带来重大影响。为此，本条例第六条明确规定，事故发生后，铁路运输企业应当积极开展应急救援工作，减少人员伤亡和财产损失，尽快恢复铁路正常行车。在一般情况下，铁路运输企业作为生产运营单位，总是最先接到事故报告，铁路运输企业能否在接到报告后第一时间组织救援，直接关系到能否挽救更多的生命、尽量减少财产损失。为了防止事故发生单位接到事故报告后，第一反应不是立即组织救援，而是如何逃避事故责任，或者麻木不仁、贻误时机，导致事故扩大、人员伤亡增加或者财产损失增加等后果，有必要对不立即组织救援这种严重不负责任的行为给予严厉的法律制裁。

（二）迟报、漏报、瞒报或者谎报事故。

及时、准确、如实、完整地报告铁路交通事故，是本条例的一项重要原则。本条例第六条规定了事故发生后，铁路运输企业应当及时、准确地报告事故情况的总体要求。本条例第十四条、第十五条、第十六条更是对事故报告的主体、事故报告的程序和时限、事故报告的内容以及事故报告后出现新情况应当及时补报等作出了明确规定。这些都是为了便于有关单位及时开展应急救援工作，加强事故调查处理，因此，在本条专门针对违反事故报告有关规定，迟报、漏报、瞒报或者谎报事故的行为设定了相应的法律责任。其中，迟报、漏报事故主要是针对铁路运输企业及其职工没有主观故意的情形，而瞒报、谎报事故则是针对铁路运输企业及其从业人员存在主观故意的情形作出规定。

1. 迟报、漏报事故。

所谓迟报事故，是指铁路运输企业及其从业人员未按照本条例和《生产安全事故报告和调查处理条例》等有关法律法规规定的时间要求报告事故、事故报告不及时的情况。

所谓漏报事故，是指本应当上报的事故而遗漏未报的情况，漏报是铁路运输企业及其从业人员非主观故意实施的行为，主要是不负责任所致，区别于瞒报事故。

事故报告是一个自下而上的连锁系统中极为重要的一环，如果出现迟报和漏报事故，必然会引起连锁反应，导致以后环节中事故报告难以及时、准确，并影响到事故应急救援的组织实施和事故调查处理工作的开展。因此，对铁路运输企业及其职工迟报、漏报事故的行为，即使是出于过失，也应当追究相应的法律责任。

2. 瞒报、谎报事故。

所谓瞒报事故，是指铁路运输企业及其从业人员在接到铁路交通事故报告后，对事故情况隐瞒不报，相比于迟报、漏报事故，瞒报事故主观上完全是出于故意，以掩盖事故真实情况，逃避事故责任为目的。

所谓谎报事故，是指铁路运输企业及其从业人员故意不如实报告事故。比如，谎报事故伤亡人数、直接经济损失等，将重大事故报告为一般事故等。

瞒报、谎报事故比迟报、漏报事故的性质更为恶劣，后果也更严重，直接导致有关单位得到错误的事故信息或者根本不知道发生了事故，也就谈不上及时、有效地组织事故应急救援和开展事故调查处理工作。实践中，铁路交通事故发生后，作为事故发生单位的铁路运输企业及其从业人员可能会为了减轻或者逃避事故责任，瞒报或者谎报事故，社会影响及其恶劣，对这两种违法行为也应当给予严厉的法律制裁。

三、本条规定的法律责任

本条规定的法律责任包括行政责任和刑事责任。

（一）行政责任。

本条规定的行政责任是罚款和处分。

1. 罚款。铁路运输企业及其从业人员构成本条规定的四种违法行为之一的，即应当首先给予罚款的行政处罚。本条规定的罚款数额是：对单位，处10万元以上50万元以下的罚款；对个人，处4000元以上2万元以下的罚款。一般而言，对于不立即组织救援或者瞒报、谎报事故的行为，由于其主观恶性较重，造成的后果也可能更为严重，影响也较为恶劣，应当在本条例规定的罚款幅度内从重处罚。

2. 处分。这里的国家工作人员，是指国有铁路运输企业的工作人员，特别是国有铁路运输企业的负责人。对属于国家工作人员的铁路运输企业从业人员，除了依照本条规定给予罚款的处罚外，还应当依照《中华人民共和国行政监察法》、《中华人民共和国公务员法》等法律、行政法规、规章的规定，给予纪律处分。具体处分种类包括：警告、记过、记大过、降级、撤职、开除等。

（二）刑事责任。

铁路运输企业及其从业人员有本条规定的违法行为，构成犯罪的，依法追究刑事责任。具体而言，不立即组织救援，可能构成《中华人民共和国刑法》第一百六十八条规定的国有公司、企业单位人员失职罪。构成该罪的几个要件：一是违法行为主体是国有公司、企业的工作人员；二是实施了严重不负责任或者滥用职权的行为。铁路交通事故发生后，不立即组织救援，就是一种严重不负责任的行为；三是在客观上造成了严重损失。铁路交通事故发生后，不立即组织救援，可能导致事故扩大，造成严重损失。根据《中华人民共和国刑法》第一百六十八条的规定，构成本罪的，处3年以上有期徒刑或者拘役；致使国家利益遭受特别重大损失的，处3年以上7年以下有期徒刑。

瞒报或者谎报事故，则可能构成不报或者谎报事故罪。2006年6月29日全国人民代表大会常务委员会通过的《刑法修正案（六）》，专门增加规定了不报或者谎报事故罪。瞒报或者谎报事故的行为，可能构成不报或者谎报事故的犯罪。该犯罪的主体是负有报告责任的人员，事故现场的铁路运输企业工作人员、接到报告的列车调度员等铁路运输企业有关工作人员，都属于负有报告义务的人员；主观方面是铁路运输企业工作人员主观上存在故意；客观方面是实施了瞒报、谎报行为，造成了贻误事故应急救援和调查处理工作的开展，扩大了事故影响，加重了事故损失。铁路运输企业工作人员瞒报、谎报事故，构成该罪的，处3年以下有期徒刑或者拘役；情节严重的，处3年以上7年以下有期徒刑。

四、本条规定的执法主体

（一）实施行政处罚的主体。

本条规定的罚款主体是国务院铁路主管部门或者铁路管理机构。

（二）实施纪律处分的主体。

本条规定了对属于国家工作人员的铁路运输企业工作人员实施纪律处分的主体。依照《中华人民共和国行政监察法》、《中华人民共和国铁路法》等法律、行政法规的规定，这一主体应当是国务院铁路主管部门、铁路管理机构以及有关监察机关等。

（三）追究刑事责任的主体。

根据《中华人民共和国刑法》、《中华人民共和国刑事诉讼法》等法律的规定，追究铁路运输企业及其职工刑事责任的主体应当是人民法院、人民检察院等司法机关。

第三十九条　违反本条例的规定，国务院铁路主管部门、铁路管理机构以及其他行政机关未立即启动应急预案，或者迟报、漏报、瞒报、谎报事故的，对直接负责的主管人员和其他直接责任人员依法给予处分；构成犯罪的，依法追究刑事责任。

【释义】　本条是关于铁路交通事故发生后，国务院铁路主管部门、铁路管理机构以及其他行政机关未立即启动应急预案，或者迟报、漏报、瞒报、谎报事故应当承担的法律责任的规定。

一、本条规定的违法行为主体

根据本条例第二十条规定，事故发生后，国务院铁路主管部门或者铁路管理机构、事故发生地县级以上地方人民政府应当根据事故等级启动相应的应急预案。因此，本条规定的违法行为主体主要是国务院铁路主管部门、铁路管理机构以及其他行政机关。

需要注意的是，本条规定的违法行为主体与承担法律责任的主体不相同。根据本条规定，承担法律责任的主体是国务院铁路主管部门、铁路管理机构以及其他行政机关直接负责的主管人员和其他直接责任人员。所谓直接负责的主管人员和其他直接责任人员，是指行政机关中对启动应急预案以及是否向有关机关报告事故情况具有决定权的主管负责人，而其他直接责任人员，则是指负责具体落实有关应急预案和报告事故情况的其他人员。

之所以规定由直接负责的主管人员和其他直接责任人员承担相关法律责任，主要是考虑到行政机关启动应急预案和报告事故有关情况的行为，是由他们所决定并具体实施，行政机关出现未立即启动应急预案，或者迟报、漏报、瞒报、谎报事故的行为，他们应当负有直接责任。因此，本条专门将他们规定为承担法律责任的主体。

二、本条规定的违法行为

本条规定的违法行为包括两大类，包括未立即启动应急预案，以及迟报、漏报、瞒报、谎报事故两种情况：

（一）未立即启动应急预案。

依照本条例规定，事故发生后，国务院铁路主管部门或者铁路管理机构、事故发生地县级以上地方人民政府应当根据事故等级启动相应的应急预案。根据国务院制定发布的《国家突发公共事件总体应急预案》有关规定，突发公共事件发生后，事发地的省级人民政府或者国务院有关部门在报告特别重大、重大突发公共事件信息的同时，要根据职责和规定的权限启动相关应急预案，及时、有效地进行处置，控制事态。《国家处置铁路行车事故应急预案》专门对铁路交通事故发生后，国务院铁路主管部门启动应急预案的程序作出了明确规定。其目的都是为了最大程度地预防和减少突发公共事件及其造成的损害，保障公众的生命财产安全，维护国家安全和社会稳定，促进经济社会全面、协调、可持续发展。

可见，是否立即根据事故等级启动相应的预案，是尽快应对铁路交通事故这一突发公共事件，根据事故具体情形组织开展应急救援工作，乃至后续调查处理工作的重要前提。国务院铁路主管部门等有关机关是否立即启动相应的应急预案在整个事故应急救援和调查处理过程中处于极其重要的环节，倘若未立即启动应急预案，必然会造成事故情况不能得到有效控制，影响铁路线路恢复正常行车，加重事故造成的人员伤亡和经济损失，也会对行政机关的自身形象造成负面影响。因此，有必要追究这种行为的法律责任。

（二）迟报、漏报、瞒报或者谎报事故。

根据本条例第十五条规定，铁路管理机构接到事故报告，应当尽快核实有关情况，并立即报告国务院铁路主管部门；对特别重大事故、重大事故，国务院铁路主管部门应当立即报告国务院并通报国家安全生产监督管理等有关部门。发生特别重大事故、重大事故、较大事故或者有人员伤亡的一般事故，铁路管理机构还应当通报事故发生地县级以上地方人民政府及其安全生产监督管理部门。

国务院铁路主管部门、铁路管理机构以及国家安全生产监督管理部门等有关行政机关及时、准确地报告事故情况，是它们履行安全生产监督管理职责的重要内容，也是有效减轻事故损失和缩小事故影响的前提。为了防止和避免其不履行报告义务，忽视其法定职责，本条专门对国务院铁路主管部门、铁路管理机构以及其他行政机关迟报、漏报、瞒报或者谎报事故应当承担的法律责任作出了规定。至于迟报、漏报、瞒报或者谎报事故的具体界定,第三十八条已有论述,这里不再赘述。

三、本条规定的法律责任

本条规定的法律责任包括纪律处分和刑事责任。

(一)纪律处分。

国务院铁路主管部门、铁路管理机构以及其他行政机关直接负责的主管人员和其他直接责任人员违反本条例的规定,未立即启动应急预案,或者迟报、漏报、瞒报或者谎报事故,情节尚不严重,或者未造成严重后果的,应当由国务院铁路主管部门、铁路管理机构以及监察机关等有关机关,依照《中华人民共和国行政监察法》、《中华人民共和国公务员法》和《行政机关公务员处分条例》等法律、行政法规的规定给予纪律处分,包括:警告、记过、记大过、降级、撤职、开除。

(二)刑事责任。

本条规定的刑事责任,主要有两种:

一是,构成滥用职权罪或者玩忽职守罪。《中华人民共和国刑法》第三百九十七条第一款规定:“国家机关工作人员滥用职权或者玩忽职守,致使公共财产、国家和人民利益遭受重大损失的,处3年以下有期徒刑或者拘役;情节特别严重的,处3年以上7年以下有期徒刑。本法另有规定的,依照规定。”第二款规定:“国家机关工作人员徇私舞弊,犯前款罪的,处5年以下有期徒刑或者拘役;情节特别严重的,处5年以上10年以下有期徒刑。本法另有规定的,依照规定。”

国务院铁路主管部门、铁路管理机构以及其他行政机关直接负责的主管人员和其他直接责任人员未立即启动应急预案,或者迟报、漏报、瞒报或者谎报事故,都可能会给公共财产、国家和人民利益造成重大损失，这种情况下，不论责任人的主观上是过失还是故意，都要依法承担相应的刑事责任。

二是，构成《刑法修正案（六）》规定的不报或者谎报事故罪。这主要是针对瞒报、谎报事故的行为。

四、本条规定的执法主体

（一）追究纪律责任的主体。

本条规定的追究纪律责任的主体，依照《中华人民共和国行政监察法》、《中华人民共和国公务员法》、《行政机关公务员处分条例》等法律、行政法规的规定，应当是国务院铁路主管部门、铁路管理机构以及监察机关等。

（二）追究刑事责任的主体。

根据《中华人民共和国刑法》、《中华人民共和国刑事诉讼法》等法律的规定，追究刑事责任的主体应当是人民法院、人民检察院等司法机关。

第四十条　违反本条例的规定，干扰、阻碍事故救援、铁路线路开通、列车运行和事故调查处理的，对单位，由国务院铁路主管部门或者铁路管理机构处4万元以上20万元以下的罚款；对个人，由国务院铁路主管部门或者铁路管理机构处2000元以上1万元以下的罚款；情节严重的，对单位，由国务院铁路主管部门或者铁路管理机构处20万元以上100万元以下的罚款；对个人，由国务院铁路主管部门或者铁路管理机构处1万元以上5万元以下的罚款；属于国家工作人员的，依法给予处分；构成违反治安管理行为的，由公安机关依法给予治安管理处罚；构成犯罪的，依法追究刑事责任。

【释义】 本条是关于铁路交通事故发生后,任何单位和人员干扰、阻碍事故救援、铁路线路开通、列车运行和事故调查处理应当承担的法律责任的规定。

一、本条规定的违法行为主体

本条没有直接规定违法行为主体,但是根据本条例第七条规定,任何单位和个人不得干扰、阻碍事故应急救援、铁路线路开通、列车运行和事故调查处理。可见,本条规定的违法行为主体是一般主体,即任何单位和个人,只要实施了本条规定的行为,就应当被追究有关法律责任。

二、本条规定的违法行为

本条规定的违法行为包括干扰、阻碍事故救援、铁路线路开通、列车运行和事故调查处理等三个方面的行为。

(一)干扰、阻碍事故救援。

铁路交通事故发生后,要及时有效地开展事故应急救援,就需要有关单位和人员密切配合,紧密协作,在现场应急救援机构或者国务院铁路主管部门、铁路管理机构等单位的组织、协调、指挥下,按照各自职责和分工从事有关救援活动。同时,本条例第二十一条明确规定有关单位和个人应当积极支持、配合救援工作。第二十二条、第二十三条分别具体规定了事故发生地县级以上地方人民政府、当地驻军、武装警察部队参与事故救援的有关要求。

考虑到实践中有可能会出现一些单位和个人从本单位、本人的一己之利出发,拒绝履行或者拖延履行本条例赋予他们的救援义务,影响常常极其恶劣,后果往往非常严重。例如,当现场应急救援机构不得不紧急借用有关单位的设备、设施抢救伤员时,有关单位拒绝借用或者拖延不借。这种行为干扰和阻碍了事故应急救援工作,是对人民群众生命财产和国家利益、社会公共利益极大的不负责任,必须通过设置法律责任来对这些行为加以制裁。

(二)干扰、阻碍铁路线路开通、列车运行。

铁路交通事故发生后,往往会造成铁路线路阻塞、中断铁路行车的后果。作为一种轨道运输形式,铁路网络性的特点决定了一旦出现局部事故,就可能导致整个运输网络不畅,进而扩散事故后果和影响。为此,事故发生后,首要目的就是开展应急救援工作,迅速开通铁路线路,恢复列车正常运行。本条例第十九条明确规定,事故造成中断铁路行车的,铁路运输企业应当立即组织抢修,尽快恢复铁路正常行车。必要时,铁路运输调度指挥部门应当调整运输径路,减少事故影响。

实践中,可能会出现一些单位和个人,利用发生铁路交通事故之机,盗窃、哄抢有关列车载运物资,或者出于个人目的,阻碍铁路运输企业正常的修复施工,发泄不满情绪等情况。无论是出于何种原因,只要在客观上干扰、阻碍铁路线路开通、列车运行的,都应当追究行为人的法律责任。

(三)干扰、阻碍事故调查处理。

事故调查工作是依法组成的事故调查组查明事故原因,分清事故责任的活动。事故处理则是组织事故调查组的机关或者铁路管理机构根据事故调查组出具的事故调查报告作出的处理决定,包括事故认定书。要保证事故调查处理工作顺利进行以及事故调查处理结果客观、公正，前提就需要事故调查组能够独立地开展事故调查工作，有关机关或者铁路管理机构能够独立地作出事故处理决定。因此，本条例除了在第七条中对事故调查处理工作提出原则性要求外，还在第二十四条、第二十六条、第二十七条、第二十八条、第二十九条和第三十条中分别对组织事故调查组的主体，事故调查的期限，事故调查过程中有关技术鉴定或者评估的要求，事故调查报告和事故认定书的制作期限与效力、事故现场证据的保存，对事故责任单位和有关人员落实防范和整改措施的监督检查，以及事故处理情况的对外公布等作出了具体规定。

实践中，一些单位和人员可能与发生的事故具有利害关系，为了保护他们的地方利益、部门利益或者个人利益，以各种方式干扰、阻碍事故调查处理工作。例如，破坏事故现场，伪造、隐匿或者毁灭相关证据。对于这些违法行为，理应追究有关单位和人员的法律责任。

三、本条规定的法律责任

本条规定的法律责任包括行政责任和刑事责任。

（一）行政责任。

1. 罚款。根据本条规定，对单位，处4万元以上20万元以下的罚款；对个人，处2000元以上1万元以下的罚款；情节严重的，对单位，处20万元以上100万元以下的罚款；对个人，处1万元以上5万元以下的罚款。

需要注意的是，这里的“情节严重”，主要是根据实施违法行为的单位或者个人的行为性质是否恶劣、是否造成严重的后果以及是否产生较坏的社会影响而定。

2. 处分。国家工作人员实施了本条规定的违法行为，除了给予罚款外，还应当承担纪律责任，受到纪律处分,包括:警告、记过、记大过、降级、撤职、开除六种。

3. 治安管理处罚。违法主体的行为同时违反了《中华人民共和国治安管理处罚法》的规定,就应当给予治安管理处罚,包括警告、罚款和行政拘留。

(二)刑事责任。

违法主体有本条规定的违法行为,构成犯罪的,依法追究刑事责任。比如,《中华人民共和国刑法》第二百七十七条规定了妨害公务罪,对于违法主体以暴力、威胁方法阻碍国家机关工作人员依法执行职务,从而干扰、阻碍事故救援、铁路线路开通、列车运行和事故调查处理的,处3年以下有期徒刑、拘役、管制或者罚金。

四、本条规定的执法主体

(一)追究行政责任的主体。

1. 本条规定的罚款主体是国务院铁路主管部门或者铁路管理机构。

2. 本条规定的追究纪律责任的主体,依照《中华人民共和国行政监察法》、《中华人民共和国公务员法》、《行政机关公务员处分条例》等法律、行政法规的规定,主要是国务院铁路主管部门、铁路管理机构以及监察机关。

3. 本条规定的实施治安管理处罚主体,依照《中华人民共和国治安管理处罚法》的规定,应当是公安机关。

(二)追究刑事责任的主体。

根据《中华人民共和国刑法》、《中华人民共和国刑事诉讼法》等法律的规定,追究刑事责任的主体应当是人民法院、人民检察院等司法机关。

第八章　附　　则

本章共一条,规定了本条例的实施日期以及废止现行有关行政法规的内容。

第四十一条　本条例于2007年9月1日起施行。1979年7月16日国务院批准发布的《火车与其他车辆碰撞和铁路路外人员伤亡事故处理暂行规定》和1994年8月13日国务院批准发布的《铁路旅客运输损害赔偿规定》同时废止。

【释义】　本条是对本条例的施行日期以及废止现行有关行政法规的规定。

法律、行政法规的施行时间和废止时间,是法律、行政法规对其所调整的社会关系发生或者失去约束力的具体时间。因此,任何法律、行政法规都必须规定其施行时间,即法律、法规发生法律效力的时间;如果有旧的法律、行政法规,同时还要规定旧的法律、行政法规废止时间,即旧的法律、行政法规失去法律效力的时间。

一、本条例的施行日期

《中国人民共和国立法法》第五十一条规定:"法律应当明确规定施行日期",《行政法规制定程序条例》第二十七条第二款规定:"签署公布行政法规的国务院令应载明该行政法规的施行日期。"从有关法律、行政法规的规定和我国的立法实践看,法律、行政法规的施行日期,主要有两种:

第一种,自公布之日起开始施行。采取此种方式的法律、行政法规在其附则中明确规定"本法(条例)自公布之日起施行。"法律、行政法规何时公布,根据《中国人民共和国立法法》关于行政法规由国务院总理签署国务院令公布的规定,由国务院总理签署国务院令来确定。

第二种,自公布后某一特定的时间起开始施行。即发布后并不马上生效,而是经过一定的时间后才开始生效。采用此种方式的法律、行政法规在其附则中明确规定:"本法(条例)自某年某月某日起施行。"

本条例关于施行日期的规定,采用了上述第二种方式。国务院总理温家宝 2007 年 7 月 11 日签署中华人民共和国第 501 号国务院令,《铁路交通事故应急救援和调查处理条例》已经 2007 年 6 月 27 日国务院第 182 次常务会议通过,自 2007 年 9 月 1 日起施行。本条例从公布到施行预留了一个多月的时间,这主要是考虑到两个方面原因:

首先,这样规定的目的主要是给实施本条例以一定的准备时间。社会各界和铁路管理机构、铁路运输企业等单位需要一定的时间来学习、掌握本条例的具体内容,领会本条例的精神实质。国务院铁路主管部门宣传、贯彻本条例也需要一定时间的准备。

其次,从立法技术上看,这样规定也符合有关法律规定和我国加入世界贸易组织的承诺。《行政法规制定程序条例》第二十九条规定:"行政法规应当自公布之日起 30 日后施行。"2006 年 3 月 20 日《国务院办公厅关于进一步做好履行我国加入世界贸易组织议定书透明度条款相关工作的通知》中要求,除了涉及国家安全以及不立即施行会给法律本身实施带来不利影响的情况外,法律、行政法规公布与施行日期须至少间隔一个月以上。

二、《火车与其他车辆碰撞和铁路路外人员伤亡事故处理暂行规定》和《铁路旅客运输损害赔偿规定》同时废止

1979年7月16日国务院批准发布的《火车与其他车辆碰撞和铁路路外人员伤亡事故处理暂行规定》和1994年8月13日国务院批准发布的《铁路旅客运输损害赔偿规定》对保障人民群众生命和财产权益、妥善处理铁路交通事故，维护铁路交通秩序发挥了积极作用。但是，随着国民经济和社会的发展，这两个条例已经不能适应社会经济发展和人民生活水平提高的现实要求，特别是铁路经过六次大面积提速，对铁路交通事故应急救援和调查处理提出了更高的要求。为了及时有效地开展有关应急救援工作，准确地调查铁路交通事故原因和处理铁路交通事故，促进铁路交通事业更好、更快的发展，更加有效地保障人民群众的生命和财产权益，本条例在总结铁路交通事故应急救援和调查处理的实践经验基础上，对《火车与其他车辆碰撞和铁路路外人员伤亡事故处理暂行规定》作出全面修改，并对《铁路旅客运输损害赔偿规定》中有关限额责任赔偿标准作出了新的规定。因此，本条例施行以后，《火车与其他车辆碰撞和铁路路外人员伤亡事故处理暂行规定》和《铁路旅客运输损害赔偿规定》同时废止，但应在今后的立法中尽快对非铁路交通事故造成的铁路旅客损害赔偿作出规定。

此外，法律、法规的施行，还涉及到一个溯及力问题，即新的法律、法规公布后，它对其施行前所发生的行为是否适用的问题。如果适用，法律、法规就有溯及力，如果不适用，法律、法规就没有溯及力。目前，世界各国立法一般都采用不溯及既往的原则，我国也采用不溯及既往的原则。本条例没有对其溯及力问题作出明确规定。但根据《中华人民共和国立法法》第八十四条的规定：“法律、行政法规、地方性法规、自治条例和单行条例、规章不溯及既往,但为了更好地保护公民、法人和其他组织的权利和利益而作的特别规定除外。”因此,本条例也只对其生效后的铁路交通事故应急救援和调查处理行为有约束力,对它生效前的行为不具有约束力。也就是说,在本条例生效前的铁路交通事故应急救援和调查处理行为应当适用其发生时的有关法律、法规,而不适用本条例的规定。

第三部分

相关法律、法规和文件汇编

一、中华人民共和国铁路法

（1990年9月7日第七届全国人民代表大会常务委员会第十五次会议通过，1990年9月7日中华人民共和国主席令第32号公布，自1991年5月1日起施行。）

第一章　总　则

第一条　为了保障铁路运输和铁路建设的顺利进行，适应社会主义现代化建设和人民生活的需要，制定本法。

第二条　本法所称铁路，包括国家铁路、地方铁路、专用铁路和铁路专用线。

国家铁路是指由国务院铁路主管部门管理的铁路。

地方铁路是指由地方人民政府管理的铁路。

专用铁路是指由企业或者其他单位管理，专为本企业或者本单位内部提供运输服务的铁路。

铁路专用线是指由企业或者其他单位管理的与国家铁路或者其他铁路线路接轨的岔线。

第三条　国务院铁路主管部门主管全国铁路工作，对国家铁路实行高度集中、统一指挥的运输管理体制，对地方铁路、专用铁路和铁路专用线进行指导、协调、监督和帮助。

国家铁路运输企业行使法律、行政法规授予的行政管理职能。

第四条　国家重点发展国家铁路，大力扶持地方铁路的发展。

第五条 铁路运输企业必须坚持社会主义经营方向和为人民服务的宗旨,改善经营管理,切实改进路风,提高运输服务质量。

第六条 公民有爱护铁路设施的义务。禁止任何人破坏铁路设施,扰乱铁路运输的正常秩序。

第七条 铁路沿线各级地方人民政府应当协助铁路运输企业保证铁路运输安全畅通,车站、列车秩序良好,铁路设施完好和铁路建设顺利进行。

第八条 国家铁路的技术管理规程,由国务院铁路主管部门制定,地方铁路、专用铁路的技术管理办法,参照国家铁路的技术管理规程制定。

第九条 国家鼓励铁路科学技术研究,提高铁路科学技术水平。对在铁路科学技术研究中有显著成绩的单位和个人给予奖励。

第二章 铁路运输营业

第十条 铁路运输企业应当保证旅客和货物运输的安全,做到列车正点到达。

第十一条 铁路运输合同是明确铁路运输企业与旅客、托运人之间权利义务关系的协议。

旅客车票、行李票、包裹票和货物运单是合同或者合同的组成部分。

第十二条 铁路运输企业应当保证旅客按车票载明的日期、车次乘车,并到达目的站。因铁路运输企业的责任造成旅客不能按车票载明的日期、车次乘车的,铁路运输企业应当按照旅客的要求，退还全部票款或者安排改乘到达相同目的站的其他列车。

第十三条 铁路运输企业应当采取有效措施做好旅客运输服务工作，做到文明礼貌、热情周到，保持车站和车厢内的清洁卫生，提供饮用开水，做好列车上的饮食供应工作。

铁路运输企业应当采取措施，防止对铁路沿线环境的污染。

第十四条 旅客乘车应当持有效车票。对无票乘车或者持失效车票乘车的，应当补收票款，并按照规定加收票款；拒不交付的，铁路运输企业可以责令下车。

第十五条 国家铁路和地方铁路根据发展生产、搞活流通的原则，安排货物运输计划。

对抢险救灾物资和国家规定需要优先运输的其他物资，应予优先运输。

地方铁路运输的物资需要经由国家铁路运输的，其运输计划应当纳入国家铁路的运输计划。

第十六条 铁路运输企业应当按照合同约定的期限或者国务院铁路主管部门规定的期限，将货物、包裹、行李运到目的站；逾期运到的，铁路运输企业应当支付违约金。

铁路运输企业逾期30日仍未将货物、包裹、行李交付收货人或者旅客的，托运人、收货人或者旅客有权按货物、包裹、行李灭失向铁路运输企业要求赔偿。

第十七条 铁路运输企业应当对承运的货物、包裹、行李自接受承运时起到交付时止发生的灭失、短少、变质、污染或者损坏，承担赔偿责任：

(一)托运人或者旅客根据自愿申请办理保价运输的,按照实际损失赔偿,但最高不超过保价额。

(二)未按保价运输承运的,按照实际损失赔偿,但最高不超过国务院铁路主管部门规定的赔偿限额;如果损失是由于铁路运输企业的故意或者重大过失造成的,不适用赔偿限额的规定,按照实际损失赔偿。

托运人或者旅客根据自愿可以向保险公司办理货物运输保险,保险公司按照保险合同的约定承担赔偿责任。

托运人或者旅客根据自愿,可以办理保价运输,也可以办理货物运输保险;还可以既不办理保价运输,也不办理货物运输保险。不得以任何方式强迫办理保价运输或者货物运输保险。

第十八条 由于下列原因造成的货物、包裹、行李损失的,铁路运输企业不承担赔偿责任:

(一)不可抗力。

(二)货物或者包裹、行李中的物品本身的自然属性,或者合理损耗。

(三)托运人、收货人或者旅客的过错。

第十九条 托运人应当如实填报托运单,铁路运输企业有权对填报的货物和包裹的品名、重量、数量、进行检查。经检查,申报与实际不符的,检查费用由托运人承担;申报与实际相符的,检查费用由铁路运输企业承担,因检查对货物和包裹中的物品造成的损坏由铁路运输企业赔偿。

托运人因申报不实而少交的运费和其他费用应当补交,铁路运输企业按照国务院铁路主管部门的规定加收运费和其他费用。

第二十条　托运货物需要包装的，托运人应当按照国家包装标准或者行业包装标准包装；没有国家包装标准或者行业包装标准的，应当妥善包装，使货物在运输途中不因包装原因而受损坏。

铁路运输企业对承运的容易腐烂变质的货物和活动物，应当按照国务院铁路主管部门的规定和合同的约定，采取有效的保护措施。

第二十一条　货物、包裹、行李到站后，收货人或者旅客应当按照国务院铁路主管部门规定的期限及时领取，并支付托运人未付或者少付的运费和其他费用；逾期领取的，收货人或者旅客应当按照规定交付保管费。

第二十二条　自铁路运输企业发出领取货物通知之日起满 30 日仍无人领取的货物，或者收货人书面通知铁路运输企业拒绝领取的货物，铁路运输企业应当通知托运人，托运人自接到通知之日起满 30 日未作答复的，由铁路运输企业变卖，所得价款在扣除保管等费用后尚有余款的，应当退还托运人，无法退还，自变卖之日起 180 日内托运人又未领回的，上缴国库。

自铁路运输企业发出领取通知之日起满 90 日仍无人领取的包裹或者到站后满 90 日仍无人领取的行李，铁路运输企业应当公告，公告满 90 日仍无人领取的，可以变卖；所得价款在扣除保管等费用后尚有余款的，托运人、收货人或者旅客可以自变卖之日起 180 日内领回，逾期不领回的，上缴国库。

对危险物品和规定限制运输的物品，应当移交公安机关或者有关部门处理，不得自行变卖。

对不宜长期保存的物品，可以按照国务院铁路主管部门的规定缩短处理期限。

第二十三条 因旅客、托运人或者收货人的责任给铁路运输企业造成财产损失的,由旅客、托运人或者收货人承担赔偿责任。

第二十四条 国家鼓励专用铁路兼办公共旅客、货物运输营业;提倡铁路专用线与有关单位按照协议共用。

专用铁路兼办公共旅客、货物运输营业的,应当报经省、自治区、直辖市人民政府批准。

专用铁路兼办公共旅客、货物运输营业的,适用本法关于铁路运输企业的规定。

第二十五条 国家铁路的旅客票价率和货物、包裹、行李的运价率由国务院铁路主管部门拟订,报国务院批准。国家铁路的旅客、货物运输杂费的收费项目和收费标准由国务院铁路主管部门规定。国家铁路的特定运营线的运价率、特定货物的运价率和临时运营线的运价率,由国务院铁路主管部门商得国务院物价主管部门同意后规定。

地方铁路的旅客票价率、货物运价率和旅客、货物运输杂费的收费项目和收费标准,由省、自治区、直辖市人民政府物价主管部门会同国务院铁路主管部门授权的机构规定。

兼办公共旅客、货物运输营业的专用铁路的旅客票价率、货物运价率和旅客、货物运输杂费的收费项目和收费标准,以及铁路专用线共用的收费标准,由省、自治区、直辖市人民政府物价主管部门规定。

第二十六条 铁路的旅客票价,货物、包裹、行李的运价,旅客和货物运输杂费的收费项目和收费标准,必须公告;未公告的不得实施。

第二十七条 国家铁路、地方铁路和专用铁路印制使用的旅客、货物运输票证,禁止伪造和变造。

禁止倒卖旅客车票和其他铁路运输票证。

第二十八条 托运、承运货物、包裹、行李,必须遵守国家关于禁止或者限制运输物品的规定。

第二十九条 铁路运输企业与公路、航空或者水上运输企业相互间实行国内旅客、货物联运,依照国家有关规定办理;国家没有规定的,依照有关各方的协议办理。

第三十条 国家铁路、地方铁路参加国际联运。必须经国务院批准。

第三十一条 铁路军事运输依照国家有关规定办理。

第三十二条 发生铁路运输合同争议的,铁路运输企业和托运人、收货人或者旅客可以通过调解解决;不愿意调解解决或者调解不成的,可以依据合同中的仲裁条款或者事后达成的书面仲裁协议,向国家规定的仲裁机构申请仲裁。

当事人一方在规定的期限内不履行仲裁机构的仲裁决定的,另一方可以申请人民法院强制执行。

当事人没有在合同中订立仲裁条款,事后又没有达成书面仲裁协议的,可以向人民法院起诉。

第三章 铁路建设

第三十三条 铁路发展规划应当依据国民经济和社会发展以及国防建设的需要制定,并与其他方式的交通运输发展规划相协调。

第三十四条 地方铁路、专用铁路、铁路专用线的建设计划必须符合全国铁路发展规划，并征得国务院铁路主管部门或者国务院铁路主管部门授权的机构的同意。

第三十五条 在城市规划区范围内，铁路的线路、车站、枢纽以及其他有关设施的规划，应当纳入所在城市的总体规划。

铁路建设用地规划，应当纳入土地利用总体规划。为远期扩建、新建铁路需要的土地，由县级以上人民政府在土地利用总体规划中安排。

第三十六条 铁路建设用地，依照有关法律、行政法规的规定办理。

有关地方人民政府应当支持铁路建设，协助铁路运输企业做好铁路建设征用土地工作和拆迁安置工作。

第三十七条 已经取得使用权的铁路建设用地，应当依照批准的用途使用，不得擅自改作他用；其他单位或者个人不得侵占。

侵占铁路建设用地的，由县级以上地方人民政府土地管理部门责令停止侵占、赔偿损失。

第三十八条 铁路的标准轨距为 1435 毫米。新建国家铁路必须采用标准轨距。

窄轨铁路的轨距为 762 毫米或者 1000 毫米。

新建和改建铁路的其他技术要求应当符合国家标准或者行业标准。

第三十九条 铁路建成后，必须依照国家基本建设程序的规定，经验收合格，方能交付正式运行。

第四十条 铁路与道路交叉处，应当优先考虑设置立体交叉；未设立体交叉的，可以根据国家有关规定设置平交道口或者人行过道。在城市规划区内设置平交道口或者人行过道,由铁路运输企业或者建有专用铁路、铁路专用线的企业或者其他单位和城市规划主管部门共同决定。

拆除已经设置的平交道口或者人行过道,由铁路运输企业或者建有专用铁路、铁路专用线的企业或者其他单位和当地人民政府商定。

第四十一条 修建跨越河流的铁路桥梁,应当符合国家规定的防洪、通航和水流的要求。

第四章 铁路安全与保护

第四十二条 铁路运输企业必须加强对铁路的管理和保护,定期检查、维修铁路运输设施,保证铁路运输设施完好,保障旅客和货物运输安全。

第四十三条 铁路公安机关和地方公安机关分工负责共同维护铁路治安秩序。车站和列车内的治安秩序,由铁路公安机关负责维护;铁路沿线的治安秩序,由地方公安机关和铁路公安机关共同负责维护,以地方公安机关为主。

第四十四条 电力主管部门应当保证铁路牵引用电以及铁路运营用电中重要负荷的电力供应。铁路运营用电中重要负荷的供应范围由国务院铁路主管部门和国务院电力主管部门商定。

第四十五条 铁路线路两侧地界以外的山坡地由当地人民政府作为水土保持的重点进行整治。铁路隧道顶上的山坡地由铁路运输企业协助当地人民政府进行整治。铁路地界以内的山坡地由铁路运输企业进行整治。

第四十六条 在铁路线路和铁路桥梁、涵洞两侧一定距离内，修建山塘、水库、堤坝、开挖河道、土渠，采石挖砂，打井取水，影响铁路路基稳定或者危害铁路桥梁、涵洞安全的，由县级以上地方人民政府责令停止建设或者采挖、打井等活动，限期恢复原状或者责令采取必要的安全防护措施。

在铁路线路上架设电力、通讯线路，埋置电缆、管道设施，穿凿通过铁路路基的地下坑道，必须经铁路运输企业同意，并采取安全防护措施。

在铁路弯道内侧、平交道口和人行过道附近，不得修建妨碍行车瞭望的建筑物和种植妨碍行车瞭望的树木。修建妨碍行车瞭望的建筑物的，由县级以上地方人民 政府责令期限拆除。种植妨碍行车瞭望的树木的，由县级以上地方人民政府责令有关 单位或者个人限期迁移或者修剪、砍伐。违反前三款的规定，给铁路运输企业造成损失的单位或者个人，应当赔偿损失。

第四十七条 禁止擅自在铁路线路上铺设平交道口和人行过道。

平交道口和人行过道必须按照规定设置必要的标志和防护设施。

行人和车辆通过铁路平交道口和人行过道时，必须遵守有关通行的规定。

第四十八条 运输危险品必须按照国务院铁路主管部门的规定办理，禁止以非危险品品名托运危险品。

禁止旅客携带危险品进站上车。铁路公安人员和国务院铁路主管部门规定的铁路职工，有权对旅客携带的物品进行运输安全检查。实施运输安全检查的铁路职工应当佩戴执勤标志。

危险品的品名由国务院铁路主管部门规定并公布。

第四十九条 对损毁、移动铁路信号装置及其他行车设施或者在铁路线路上放置障碍物的，铁路职工有权制止，可以扭送公安机关处理。

第五十条 禁止偷乘货车、攀附行进中的列车或者击打列车。对偷乘货车、攀附行进中的列车或者击打列车的，铁路职工有权制止。

第五十一条 禁止在铁路线路上行走、坐卧。对在铁路线路上行走、坐卧的，铁路职工有权制止。

第五十二条 禁止在铁路线路两侧 20 米以内或者铁路防护林地内放牧。对在铁路线路两侧 20 米以内或者铁路防护林地内放牧的，铁路职工有权制止。

第五十三条 对聚众拦截列车或者聚众冲击铁路行车调度机构的，铁路职工有权制止；不听制止的，公安人员现场负责人有权命令解散；拒不解散的，公安人员现场负责人有权依照国家有关规定决定采取必要手段强行驱散，并对拒不服从的人员强行带离现场或者予以拘留。

第五十四条 对哄抢铁路运输物资的，铁路职工有权制止，可以扭送公安机关处理；现场公安人员可以予以拘留。

第五十五条 在列车内，寻衅滋事，扰乱公共秩序，危害旅客人身、财产安全的，铁路职工有权制止，铁路公安人员可以予以拘留。

第五十六条 在车站和旅客列车内，发生法律规定需要检疫的传染病时，由铁路卫生检疫机构进行检疫；根据铁路卫生检疫机构的请求，地方卫生检疫机构应予协助。

货物运输的检疫，依照国家规定办理。

第五十七条 发生铁路交通事故，铁路运输企业应当依照国务院和国务院有关主管部门关于事故调查处理的规定办理，并及时恢复正常行车，任何单位和个人不得阻碍铁路线路开通和列车运行。

第五十八条 因铁路行车事故及其他铁路运营事故造成人身伤亡的，铁路运输企业应当承担赔偿责任；如果人身伤亡是因不可抗力或者由于受害人自身的原因造成的，铁路运输企业不承担赔偿责任。

违章通过平交道口或者人行过道，或者在铁路线路上行走、坐卧造成的人身伤亡，属于受害人自身的原因造成的人身伤亡。

第五十九条 国家铁路的重要桥梁和隧道，由中国人民武装警察部队负责守卫。

第五章 法律责任

第六十条 违反本法规定，携带危险品进站上车或者以非危险品品名托运危险品，导致发生重大事故的，依照刑法第一百一十五条的规定追究刑事责任。企业事业单位、国家机关、社会团体犯本款罪的，处以罚金，对其主管人员和直接责任人员依法追究刑事责任。

携带炸药、雷管或者非法携带枪支子弹、管制刀具进站上车的，比照刑法第一百六十三条的规定追究刑事责任。

第六十一条　故意损毁、移动铁路行车信号装置或者在铁路线路上放置足以使列车倾覆的障碍物，尚未造成严重后果的，依照刑法第一百零八条的规定追究刑事责任；造成严重后果的，依照刑法第一百一十条的规定追究刑事责任。

第六十二条　盗窃铁路线路上行车设施的零件、部件或者铁路线路上的器材，危及行车安全，尚未造成严重后果的，依照刑法第一百零八条破坏交通设施罪的规定追究刑事责任；造成严重后果的，依照刑法第一百一十条破坏交通设施罪的规定追究刑事责任。

第六十三条　聚众拦截列车不听制止的，对首要分子和骨干分子依照刑法第一百五十九条的规定追究刑事责任。

聚众冲击铁路行车调度机构不听制止的，对首要分子和骨干分子依照刑法第一百五十八条的规定追究刑事责任。

第六十四条　聚众哄抢铁路运输物资的，对首要分子和骨干分子依照刑法第一百五十一条或者第一百五十二条的规定追究刑事责任。

铁路职工与其他人员勾结犯前款罪的，从重处罚。

第六十五条　在列车内，抢劫旅客财物，伤害旅客的，依照刑法有关规定从重处罚。

在列车内，寻衅滋事，侮辱妇女，情节恶劣的，依照刑法第一百六十条的规定追究刑事责任；敲诈勒索旅客财物的，依照刑法第一百五十四条的规定追究刑事责任。

第六十六条　倒卖旅客车票数额较大的，依照刑法第一百一十七条的规定追究刑事责任。以倒卖旅客车票为常业的，倒卖数额巨大的或者倒卖集团的首要分子，依照刑法第一百一十八条的规定追究刑事责任。铁路职工倒卖旅客车票或者与其他人员勾结倒卖旅客车票的，依照刑法第一百一十九条的规定追究刑事责任。

第六十七条 违反本法规定，尚不够刑事处罚，应当给予治安管理处罚的，依照治安管理处罚条例的规定处罚。

第六十八条 擅自在铁路线路上铺设平交道口、人行过道的，由铁路公安机关或者地方公安机关责令限期拆除，可以并处罚款。

第六十九条 铁路运输企业违反本法规定，多收运费、票款或者旅客、货物运输杂费的，必须将多收的费用退还付款人，无法退还的上缴国库。将多收的费用据为己有或者侵吞私分的，依照关于惩治贪污罪贿赂罪的补充规定第一条、第二条的规定追究刑事责任。

第七十条 铁路职工利用职务之便走私、投机倒把的，或者与其他人员勾结走私、投机倒把的，依照刑法第一百一十九条的规定追究刑事责任。

第七十一条 铁路职工玩忽职守、违反规章制度造成铁路运营事故的，滥用职权、利用办理运输业务之便谋取私利的，给予行政处分；情节严重、构成犯罪的，依照刑法有关规定追究刑事责任。

第六章 附 则

第七十二条 本法所称国家铁路运输企业是指铁路局和铁路分局。

第七十三条 国务院根据本法制定实施条例。

二、中华人民共和国安全生产法

（2002 年 6 月 29 日第九届全国人民代表大会常务委员会第二十八次会议通过，2002 年 6 月 29 日中华人民共和国主席令第 70 号公布，自 2002 年 11 月 1 日起施行。）

第一章　总　则

第一条　为了加强安全生产监督管理，防止和减少生产安全事故，保障人民群众生命和财产安全，促进经济发展，制定本法。

第二条　在中华人民共和国领域内从事生产经营活动的单位（以下统称生产经营单位）的安全生产，适用本法；有关法律、行政法规对消防安全和道路交通安全、铁路交通安全、水上交通安全、民用航空安全另有规定的，适用其规定。

第三条　安全生产管理，坚持安全第一、预防为主的方针。

第四条　生产经营单位必须遵守本法和其他有关安全生产的法律、法规，加强安全生产管理，建立、健全安全生产责任制度，完善安全生产条件，确保安全生产。

第五条　生产经营单位的主要负责人对本单位的安全生产工作全面负责。

第六条　生产经营单位的从业人员有依法获得安全生产保障的权利，并应当依法履行安全生产方面的义务。

第七条　工会依法组织职工参加本单位安全生产工

作的民主管理和民主监督,维护职工在安全生产方面的合法权益。

第八条 国务院和地方各级人民政府应当加强对安全生产工作的领导,支持、督促各有关部门依法履行安全生产监督管理职责。

县级以上人民政府对安全生产监督管理中存在的重大问题应当及时予以协调、解决。

第九条 国务院负责安全生产监督管理的部门依照本法,对全国安全生产工作实施综合监督管理;县级以上地方各级人民政府负责安全生产监督管理的部门依照本法,对本行政区域内安全生产工作实施综合监督管理。

国务院有关部门依照本法和其他有关法律、行政法规的规定,在各自的职责范围内对有关的安全生产工作实施监督管理;县级以上地方各级人民政府有关部门依照本法和其他有关法律、法规的规定,在各自的职责范围内对有关的安全生产工作实施监督管理。

第十条 国务院有关部门应当按照保障安全生产的要求,依法及时制定有关的国家标准或者行业标准,并根据科技进步和经济发展适时修订。

生产经营单位必须执行依法制定的保障安全生产的国家标准或者行业标准。

第十一条 各级人民政府及其有关部门应当采取多种形式,加强对有关安全生产的法律、法规和安全生产知识的宣传,提高职工的安全生产意识。

第十二条 依法设立的为安全生产提供技术服务的中介机构,依照法律、行政法规和执业准则,接受生产经营单位的委托为其安全生产工作提供技术服务。

第十三条 国家实行生产安全事故责任追究制度，依照本法和有关法律、法规的规定，追究生产安全事故责任人员的法律责任。

第十四条 国家鼓励和支持安全生产科学技术研究和安全生产先进技术的推广应用，提高安全生产水平。

第十五条 国家对在改善安全生产条件、防止生产安全事故、参加抢险救护等方面取得显著成绩的单位和个人，给予奖励。

第二章 生产经营单位的安全生产保障

第十六条 生产经营单位应当具备本法和有关法律、行政法规和国家标准或者行业标准规定的安全生产条件；不具备安全生产条件的，不得从事生产经营活动。

第十七条 生产经营单位的主要负责人对本单位安全生产工作负有下列职责：

（一）建立、健全本单位安全生产责任制；

（二）组织制定本单位安全生产规章制度和操作规程；

（三）保证本单位安全生产投入的有效实施；

（四）督促、检查本单位的安全生产工作，及时消除生产安全事故隐患；

（五）组织制定并实施本单位的生产安全事故应急救援预案；

（六）及时、如实报告生产安全事故。

第十八条 生产经营单位应当具备的安全生产条件所必需的资金投入，由生产经营单位的决策机构、主要负责人或者个人经营的投资人予以保证，并对由于安全生产所必需的资金投入不足导致的后果承担责任。

第十九条 矿山、建筑施工单位和危险物品的生产、经营、储存单位，应当设置安全生产管理机构或者配备专职安全生产管理人员。

前款规定以外的其他生产经营单位，从业人员超过三百人的，应当设置安全生产管理机构或者配备专职安全生产管理人员；从业人员在三百人以下的，应当配备专职或者兼职的安全生产管理人员，或者委托具有国家规定的相关专业技术资格的工程技术人员提供安全生产管理服务。

生产经营单位依照前款规定委托工程技术人员提供安全生产管理服务的，保证安全生产的责任仍由本单位负责。

第二十条 生产经营单位的主要负责人和安全生产管理人员必须具备与本单位所从事的生产经营活动相应的安全生产知识和管理能力。

危险物品的生产、经营、储存单位以及矿山、建筑施工单位的主要负责人和安全生产管理人员，应当由有关主管部门对其安全生产知识和管理能力考核合格后方可任职。考核不得收费。

第二十一条 生产经营单位应当对从业人员进行安全生产教育和培训，保证从业人员具备必要的安全生产知识，熟悉有关的安全生产规章制度和安全操作规程，掌握本岗位的安全操作技能。未经安全生产教育和培训合格的从业人员，不得上岗作业。

第二十二条 生产经营单位采用新工艺、新技术、新材料或者使用新设备,必须了解、掌握其安全技术特性,采取有效的安全防护措施,并对从业人员进行专门的安全生产教育和培训。

第二十三条 生产经营单位的特种作业人员必须按照国家有关规定经专门的安全作业培训,取得特种作业操作资格证书,方可上岗作业。

特种作业人员的范围由国务院负责安全生产监督管理的部门会同国务院有关部门确定。

第二十四条 生产经营单位新建、改建、扩建工程项目(以下统称建设项目)的安全设施,必须与主体工程同时设计、同时施工、同时投入生产和使用。安全设施投资应当纳入建设项目概算。

第二十五条 矿山建设项目和用于生产、储存危险物品的建设项目,应当分别按照国家有关规定进行安全条件论证和安全评价。

第二十六条 建设项目安全设施的设计人、设计单位应当对安全设施设计负责。

矿山建设项目和用于生产、储存危险物品的建设项目的安全设施设计应当按照国家有关规定报经有关部门审查,审查部门及其负责审查的人员对审查结果负责。

第二十七条 矿山建设项目和用于生产、储存危险物品的建设项目的施工单位必须按照批准的安全设施设计施工,并对安全设施的工程质量负责。

矿山建设项目和用于生产、储存危险物品的建设项目竣工投入生产或者使用前,必须依照有关法律、行政法规的规定对安全设施进行验收;验收合格后,方可投入生产和使用。验收部门及其验收人员对验收结果负责。

第二十八条 生产经营单位应当在有较大危险因素的生产经营场所和有关设施、设备上,设置明显的安全警示标志。

第二十九条 安全设备的设计、制造、安装、使用、检测、维修、改造和报废,应当符合国家标准或者行业标准。

生产经营单位必须对安全设备进行经常性维护、保养,并定期检测,保证正常运转。维护、保养、检测应当作好记录,并由有关人员签字。

第三十条 生产经营单位使用的涉及生命安全、危险性较大的特种设备,以及危险物品的容器、运输工具,必须按照国家有关规定,由专业生产单位生产,并经取得专业资质的检测、检验机构检测、检验合格,取得安全使用证或者安全标志,方可投入使用。检测、检验机构对检测、检验结果负责。

涉及生命安全、危险性较大的特种设备的目录由国务院负责特种设备安全监督管理的部门制定,报国务院批准后执行。

第三十一条 国家对严重危及生产安全的工艺、设备实行淘汰制度。

生产经营单位不得使用国家明令淘汰、禁止使用的危及生产安全的工艺、设备。

第三十二条 生产、经营、运输、储存、使用危险物品或者处置废弃危险物品的,由有关主管部门依照有关法律、法规的规定和国家标准或者行业标准审批并实施监督管理。

生产经营单位生产、经营、运输、储存、使用危险物品或者处置废弃危险物品,必须执行有关法律、法规和国家标准或者行业标准，建立专门的安全管理制度，采取可靠的安全措施，接受有关主管部门依法实施的监督管理。

第三十三条 生产经营单位对重大危险源应当登记建档，进行定期检测、评估、监控，并制定应急预案，告知从业人员和相关人员在紧急情况下应当采取的应急措施。

生产经营单位应当按照国家有关规定将本单位重大危险源及有关安全措施、应急措施报有关地方人民政府负责安全生产监督管理的部门和有关部门备案。

第三十四条 生产、经营、储存、使用危险物品的车间、商店、仓库不得与员工宿舍在同一座建筑物内，并应当与员工宿舍保持安全距离。

生产经营场所和员工宿舍应当设有符合紧急疏散要求、标志明显、保持畅通的出口。禁止封闭、堵塞生产经营场所或者员工宿舍的出口。

第三十五条 生产经营单位进行爆破、吊装等危险作业，应当安排专门人员进行现场安全管理，确保操作规程的遵守和安全措施的落实。

第三十六条 生产经营单位应当教育和督促从业人员严格执行本单位的安全生产规章制度和安全操作规程；并向从业人员如实告知作业场所和工作岗位存在的危险因素、防范措施以及事故应急措施。

第三十七条 生产经营单位必须为从业人员提供符合国家标准或者行业标准的劳动防护用品，并监督、教育从业人员按照使用规则佩戴、使用。

第三十八条 生产经营单位的安全生产管理人员应当根据本单位的生产经营特点，对安全生产状况进行经常性检查;对检查中发现的安全问题,应当立即处理;不能处理的,应当及时报告本单位有关负责人。检查及处理情况应当记录在案。

第三十九条 生产经营单位应当安排用于配备劳动防护用品、进行安全生产培训的经费。

第四十条 两个以上生产经营单位在同一作业区域内进行生产经营活动,可能危及对方生产安全的,应当签订安全生产管理协议,明确各自的安全生产管理职责和应当采取的安全措施,并指定专职安全生产管理人员进行安全检查与协调。

第四十一条 生产经营单位不得将生产经营项目、场所、设备发包或者出租给不具备安全生产条件或者相应资质的单位或者个人。

生产经营项目、场所有多个承包单位、承租单位的,生产经营单位应当与承包单位、承租单位签订专门的安全生产管理协议,或者在承包合同、租赁合同中约定各自的安全生产管理职责;生产经营单位对承包单位、承租单位的安全生产工作统一协调、管理。

第四十二条 生产经营单位发生重大生产安全事故时,单位的主要负责人应当立即组织抢救,并不得在事故调查处理期间擅离职守。

第四十三条 生产经营单位必须依法参加工伤社会保险,为从业人员缴纳保险费。

第三章 从业人员的权利和义务

第四十四条 生产经营单位与从业人员订立的劳动

合同,应当载明有关保障从业人员劳动安全、防止职业危害的事项,以及依法为从业人员办理工伤社会保险的事项。

生产经营单位不得以任何形式与从业人员订立协议,免除或者减轻其对从业人员因生产安全事故伤亡依法应承担的责任。

第四十五条 生产经营单位的从业人员有权了解其作业场所和工作岗位存在的危险因素、防范措施及事故应急措施,有权对本单位的安全生产工作提出建议。

第四十六条 从业人员有权对本单位安全生产工作中存在的问题提出批评、检举、控告;有权拒绝违章指挥和强令冒险作业。

生产经营单位不得因从业人员对本单位安全生产工作提出批评、检举、控告或者拒绝违章指挥、强令冒险作业而降低其工资、福利等待遇或者解除与其订立的劳动合同。

第四十七条 从业人员发现直接危及人身安全的紧急情况时,有权停止作业或者在采取可能的应急措施后撤离作业场所。

生产经营单位不得因从业人员在前款紧急情况下停止作业或者采取紧急撤离措施而降低其工资、福利等待遇或者解除与其订立的劳动合同。

第四十八条 因生产安全事故受到损害的从业人员,除依法享有工伤社会保险外,依照有关民事法律尚有获得赔偿的权利的,有权向本单位提出赔偿要求。

第四十九条 从业人员在作业过程中,应当严格遵守本单位的安全生产规章制度和操作规程,服从管理,正确佩戴和使用劳动防护用品。

第五十条 从业人员应当接受安全生产教育和培训,掌握本职工作所需的安全生产知识,提高安全生产技能,增强事故预防和应急处理能力。

第五十一条 从业人员发现事故隐患或者其他不安全因素,应当立即向现场安全生产管理人员或者本单位负责人报告;接到报告的人员应当及时予以处理。

第五十二条 工会有权对建设项目的安全设施与主体工程同时设计、同时施工、同时投入生产和使用进行监督,提出意见。

工会对生产经营单位违反安全生产法律、法规,侵犯从业人员合法权益的行为,有权要求纠正;发现生产经营单位违章指挥、强令冒险作业或者发现事故隐患时,有权提出解决的建议,生产经营单位应当及时研究答复;发现危及从业人员生命安全的情况时,有权向生产经营单位建议组织从业人员撤离危险场所,生产经营单位必须立即作出处理。

工会有权依法参加事故调查,向有关部门提出处理意见,并要求追究有关人员的责任。

第四章 安全生产的监督管理

第五十三条 县级以上地方各级人民政府应当根据本行政区域内的安全生产状况,组织有关部门按照职责分工,对本行政区域内容易发生重大生产安全事故的生产经营单位进行严格检查;发现事故隐患,应当及时处理。

第五十四条 依照本法第九条规定对安全生产负有监督管理职责的部门(以下统称负有安全生产监督管理职责的部门)依照有关法律、法规的规定,对涉及安全生产的事项需要审查批准(包括批准、核准、许可、注册、认证、颁发证照等,下同)或者验收的,必须严格依照有关法律、法规和国家标准或者行业标准规定的安全生产条件和程序进行审查;不符合有关法律、法规和国家标准或者行业标准规定的安全生产条件的,不得批准或者验收通过。对未依法取得批准或者验收合格的单位擅自从事有关活动的,负责行政审批的部门发现或者接到举报后应当立即予以取缔,并依法予以处理。对已经依法取得批准的单位,负责行政审批的部门发现其不再具备安全生产条件的,应当撤销原批准。

第五十五条 负有安全生产监督管理职责的部门对涉及安全生产的事项进行审查、验收,不得收取费用;不得要求接受审查、验收的单位购买其指定品牌或者指定生产、销售单位的安全设备、器材或者其他产品。

第五十六条 负有安全生产监督管理职责的部门依法对生产经营单位执行有关安全生产的法律、法规和国家标准或者行业标准的情况进行监督检查,行使以下职权:

(一)进入生产经营单位进行检查,调阅有关资料,向有关单位和人员了解情况。

(二)对检查中发现的安全生产违法行为,当场予以纠正或者要求限期改正;对依法应当给予行政处罚的行为,依照本法和其他有关法律、行政法规的规定作出行政处罚决定。

（三）对检查中发现的事故隐患，应当责令立即排除；重大事故隐患排除前或者排除过程中无法保证安全的，应当责令从危险区域内撤出作业人员，责令暂时停产停业或者停止使用；重大事故隐患排除后，经审查同意，方可恢复生产经营和使用。

（四）对有根据认为不符合保障安全生产的国家标准或者行业标准的设施、设备、器材予以查封或者扣押，并应当在十五日内依法作出处理决定。

监督检查不得影响被检查单位的正常生产经营活动。

第五十七条 生产经营单位对负有安全生产监督管理职责的部门的监督检查人员（以下统称安全生产监督检查人员）依法履行监督检查职责，应当予以配合，不得拒绝、阻挠。

第五十八条 安全生产监督检查人员应当忠于职守，坚持原则，秉公执法。

安全生产监督检查人员执行监督检查任务时，必须出示有效的监督执法证件；对涉及被检查单位的技术秘密和业务秘密，应当为其保密。

第五十九条 安全生产监督检查人员应当将检查的时间、地点、内容、发现的问题及其处理情况，作出书面记录，并由检查人员和被检查单位的负责人签字；被检查单位的负责人拒绝签字的，检查人员应当将情况记录在案，并向负有安全生产监督管理职责的部门报告。

第六十条 负有安全生产监督管理职责的部门在监督检查中，应当互相配合，实行联合检查；确需分别进行检查的，应当互通情况，发现存在的安全问题应当由其他有关部门进行处理的，应当及时移送其他有关部门并形成记录备查，接受移送的部门应当及时进行处理。

第六十一条 监察机关依照行政监察法的规定，对负有安全生产监督管理职责的部门及其工作人员履行安全生产监督管理职责实施监察。

第六十二条 承担安全评价、认证、检测、检验的机构应当具备国家规定的资质条件，并对其作出的安全评价、认证、检测、检验的结果负责。

第六十三条 负有安全生产监督管理职责的部门应当建立举报制度，公开举报电话、信箱或者电子邮件地址，受理有关安全生产的举报；受理的举报事项经调查核实后，应当形成书面材料；需要落实整改措施的，报经有关负责人签字并督促落实。

第六十四条 任何单位或者个人对事故隐患或者安全生产违法行为，均有权向负有安全生产监督管理职责的部门报告或者举报。

第六十五条 居民委员会、村民委员会发现其所在区域内的生产经营单位存在事故隐患或者安全生产违法行为时，应当向当地人民政府或者有关部门报告。

第六十六条 县级以上各级人民政府及其有关部门对报告重大事故隐患或者举报安全生产违法行为的有功人员，给予奖励。具体奖励办法由国务院负责安全生产监督管理的部门会同国务院财政部门制定。

第六十七条 新闻、出版、广播、电影、电视等单位有进行安全生产宣传教育的义务，有对违反安全生产法律、法规的行为进行舆论监督的权利。

第五章　生产安全事故的应急救援与调查处理

第六十八条　县级以上地方各级人民政府应当组织有关部门制定本行政区域内特大生产安全事故应急救援预案，建立应急救援体系。

第六十九条　危险物品的生产、经营、储存单位以及矿山、建筑施工单位应当建立应急救援组织；生产经营规模较小，可以不建立应急救援组织的，应当指定兼职的应急救援人员。

危险物品的生产、经营、储存单位以及矿山、建筑施工单位应当配备必要的应急救援器材、设备，并进行经常性维护、保养，保证正常运转。

第七十条　生产经营单位发生生产安全事故后，事故现场有关人员应当立即报告本单位负责人。

单位负责人接到事故报告后，应当迅速采取有效措施，组织抢救，防止事故扩大，减少人员伤亡和财产损失，并按照国家有关规定立即如实报告当地负有安全生产监督管理职责的部门，不得隐瞒不报、谎报或者拖延不报，不得故意破坏事故现场、毁灭有关证据。

第七十一条　负有安全生产监督管理职责的部门接到事故报告后，应当立即按照国家有关规定上报事故情况。负有安全生产监督管理职责的部门和有关地方人民政府对事故情况不得隐瞒不报、谎报或者拖延不报。

第七十二条　有关地方人民政府和负有安全生产监督管理职责的部门的负责人接到重大生产安全事故报告后，应当立即赶到事故现场，组织事故抢救。

任何单位和个人都应当支持、配合事故抢救，并提供一切便利条件。

第七十三条 事故调查处理应当按照实事求是、尊重科学的原则，及时、准确地查清事故原因，查明事故性质和责任，总结事故教训，提出整改措施，并对事故责任者提出处理意见。事故调查和处理的具体办法由国务院制定。

第七十四条 生产经营单位发生生产安全事故，经调查确定为责任事故的，除了应当查明事故单位的责任并依法予以追究外，还应当查明对安全生产的有关事项负有审查批准和监督职责的行政部门的责任，对有失职、渎职行为的，依照本法第七十七条的规定追究法律责任。

第七十五条 任何单位和个人不得阻挠和干涉对事故的依法调查处理。

第七十六条 县级以上地方各级人民政府负责安全生产监督管理的部门应当定期统计分析本行政区域内发生生产安全事故的情况，并定期向社会公布。

第六章 法律责任

第七十七条 负有安全生产监督管理职责的部门的工作人员，有下列行为之一的，给予降级或者撤职的行政处分；构成犯罪的，依照刑法有关规定追究刑事责任：

（一）对不符合法定安全生产条件的涉及安全生产的事项予以批准或者验收通过的；

（二）发现未依法取得批准、验收的单位擅自从事有关活动或者接到举报后不予取缔或者不依法予以处理的；

（三）对已经依法取得批准的单位不履行监督管理职责，发现其不再具备安全生产条件而不撤销原批准或者发现安全生产违法行为不予查处的。

第七十八条 负有安全生产监督管理职责的部门，要求被审查、验收的单位购买其指定的安全设备、器材或者其他产品的，在对安全生产事项的审查、验收中收取费用的，由其上级机关或者监察机关责令改正，责令退还收取的费用；情节严重的，对直接负责的主管人员和其他直接责任人员依法给予行政处分。

第七十九条 承担安全评价、认证、检测、检验工作的机构，出具虚假证明，构成犯罪的，依照刑法有关规定追究刑事责任；尚不够刑事处罚的，没收违法所得，违法所得在五千元以上的，并处违法所得二倍以上五倍以下的罚款，没有违法所得或者违法所得不足五千元的，单处或者并处五千元以上二万元以下的罚款，对其直接负责的主管人员和其他直接责任人员处五千元以上五万元以下的罚款；给他人造成损害的，与生产经营单位承担连带赔偿责任。

对有前款违法行为的机构，撤销其相应资格。

第八十条 生产经营单位的决策机构、主要负责人、个人经营的投资人不依照本法规定保证安全生产所必需的资金投入，致使生产经营单位不具备安全生产条件的，责令限期改正，提供必需的资金；逾期未改正的，责令生产经营单位停产停业整顿。

有前款违法行为，导致发生生产安全事故，构成犯罪的，依照刑法有关规定追究刑事责任；尚不够刑事处罚的,对生产经营单位的主要负责人给予撤职处分,对个人经营的投资人处二万元以上二十万元以下的罚款。

第八十一条 生产经营单位的主要负责人未履行本法规定的安全生产管理职责的,责令限期改正;逾期未改正的,责令生产经营单位停产停业整顿。

生产经营单位的主要负责人有前款违法行为,导致发生生产安全事故,构成犯罪的,依照刑法有关规定追究刑事责任;尚不够刑事处罚的,给予撤职处分或者处二万元以上二十万元以下的罚款。

生产经营单位的主要负责人依照前款规定受刑事处罚或者撤职处分的,自刑罚执行完毕或者受处分之日起,五年内不得担任任何生产经营单位的主要负责人。

第八十二条 生产经营单位有下列行为之一的,责令限期改正;逾期未改正的,责令停产停业整顿,可以并处二万元以下的罚款:

(一)未按照规定设立安全生产管理机构或者配备安全生产管理人员的;

(二)危险物品的生产、经营、储存单位以及矿山、建筑施工单位的主要负责人和安全生产管理人员未按照规定经考核合格的;

(三)未按照本法第二十一条、第二十二条的规定对从业人员进行安全生产教育和培训,或者未按照本法第三十六条的规定如实告知从业人员有关的安全生产事项的;

(四)特种作业人员未按照规定经专门的安全作业培训并取得特种作业操作资格证书,上岗作业的。

第八十三条 生产经营单位有下列行为之一的,责令限期改正;逾期未改正的,责令停止建设或者停产停业整顿,可以并处五万元以下的罚款;造成严重后果,构成犯罪的,依照刑法有关规定追究刑事责任:

(一)矿山建设项目或者用于生产、储存危险物品的建设项目没有安全设施设计或者安全设施设计未按照规定报经有关部门审查同意的;

(二)矿山建设项目或者用于生产、储存危险物品的建设项目的施工单位未按照批准的安全设施设计施工的;

(三)矿山建设项目或者用于生产、储存危险物品的建设项目竣工投入生产或者使用前,安全设施未经验收合格的;

(四)未在有较大危险因素的生产经营场所和有关设施、设备上设置明显的安全警示标志的;

(五)安全设备的安装、使用、检测、改造和报废不符合国家标准或者行业标准的;

(六)未对安全设备进行经常性维护、保养和定期检测的;

(七)未为从业人员提供符合国家标准或者行业标准的劳动防护用品的;

(八)特种设备以及危险物品的容器、运输工具未经取得专业资质的机构检测、检验合格,取得安全使用证或者安全标志,投入使用的;

(九)使用国家明令淘汰、禁止使用的危及生产安全的工艺、设备的。

第八十四条 未经依法批准,擅自生产、经营、储存危险物品的,责令停止违法行为或者予以关闭,没收违法所得,违法所得十万元以上的,并处违法所得一倍以上五倍以下的罚款,没有违法所得或者违法所得不足十万元的,单处或者并处二万元以上十万元以下的罚款;造成严重后果,构成犯罪的,依照刑法有关规定追究刑事责任。

第八十五条 生产经营单位有下列行为之一的,责令限期改正;逾期未改正的,责令停产停业整顿,可以并处二万元以上十万元以下的罚款;造成严重后果,构成犯罪的,依照刑法有关规定追究刑事责任:

(一)生产、经营、储存、使用危险物品,未建立专门安全管理制度、未采取可靠的安全措施或者不接受有关主管部门依法实施的监督管理的;

(二)对重大危险源未登记建档,或者未进行评估、监控,或者未制定应急预案的;

(三)进行爆破、吊装等危险作业,未安排专门管理人员进行现场安全管理的。

第八十六条 生产经营单位将生产经营项目、场所、设备发包或者出租给不具备安全生产条件或者相应资质的单位或者个人的,责令限期改正,没收违法所得;违法所得五万元以上的,并处违法所得一倍以上五倍以下的罚款;没有违法所得或者违法所得不足五万元的,单处或者并处一万元以上五万元以下的罚款;导致发生生产安全事故给他人造成损害的,与承包方、承租方承担连带赔偿责任。

生产经营单位未与承包单位、承租单位签订专门的安全生产管理协议或者未在承包合同、租赁合同中明确各自的安全生产管理职责,或者未对承包单位、承租单位的安全生产统一协调、管理的,责令限期改正;逾期未改正的，责令停产停业整顿。

第八十七条 两个以上生产经营单位在同一作业区域内进行可能危及对方安全生产的生产经营活动，未签订安全生产管理协议或者未指定专职安全生产管理人员进行安全检查与协调的，责令限期改正；逾期未改正的，责令停产停业。

第八十八条 生产经营单位有下列行为之一的，责令限期改正；逾期未改正的，责令停产停业整顿；造成严重后果，构成犯罪的，依照刑法有关规定追究刑事责任：

（一）生产、经营、储存、使用危险物品的车间、商店、仓库与员工宿舍在同一座建筑内，或者与员工宿舍的距离不符合安全要求的；

（二）生产经营场所和员工宿舍未设有符合紧急疏散需要、标志明显、保持畅通的出口，或者封闭、堵塞生产经营场所或者员工宿舍出口的。

第八十九条 生产经营单位与从业人员订立协议，免除或者减轻其对从业人员因生产安全事故伤亡依法应承担的责任的，该协议无效；对生产经营单位的主要负责人、个人经营的投资人处二万元以上十万元以下的罚款。

第九十条 生产经营单位的从业人员不服从管理，违反安全生产规章制度或者操作规程的，由生产经营单位给予批评教育，依照有关规章制度给予处分；造成重大事故，构成犯罪的，依照刑法有关规定追究刑事责任。

第九十一条 生产经营单位主要负责人在本单位发生重大生产安全事故时，不立即组织抢救或者在事故调查处理期间擅离职守或者逃匿的，给予降职、撤职的处分，对逃匿的处十五日以下拘留；构成犯罪的，依照刑法有关规定追究刑事责任。

生产经营单位主要负责人对生产安全事故隐瞒不报、谎报或者拖延不报的,依照前款规定处罚。

第九十二条 有关地方人民政府、负有安全生产监督管理职责的部门,对生产安全事故隐瞒不报、谎报或者拖延不报的,对直接负责的主管人员和其他直接责任人员依法给予行政处分;构成犯罪的,依照刑法有关规定追究刑事责任。

第九十三条 生产经营单位不具备本法和其他有关法律、行政法规和国家标准或者行业标准规定的安全生产条件,经停产停业整顿仍不具备安全生产条件的,予以关闭;有关部门应当依法吊销其有关证照。

第九十四条 本法规定的行政处罚,由负责安全生产监督管理的部门决定;予以关闭的行政处罚由负责安全生产监督管理的部门报请县级以上人民政府按照国务院规定的权限决定;给予拘留的行政处罚由公安机关依照治安管理处罚条例的规定决定。有关法律、行政法规对行政处罚的决定机关另有规定的,依照其规定。

第九十五条 生产经营单位发生生产安全事故造成人员伤亡、他人财产损失的,应当依法承担赔偿责任;拒不承担或者其负责人逃匿的,由人民法院依法强制执行。

生产安全事故的责任人未依法承担赔偿责任,经人民法院依法采取执行措施后,仍不能对受害人给予足额赔偿的,应当继续履行赔偿义务;受害人发现责任人有其他财产的,可以随时请求人民法院执行。

第七章 附 则

第九十六条 本法下列用语的含义：

危险物品，是指易燃易爆物品、危险化学品、放射性物品等能够危及人身安全和财产安全的物品。

重大危险源，是指长期地或者临时地生产、搬运、使用或者储存危险物品，且危险物品的数量等于或者超过临界量的单元（包括场所和设施）。

第九十七条 本法自 2002 年 11 月 1 日起施行。

三、中华人民共和国民法通则（摘录）

第一百零六条 公民、法人违反合同或者不履行其他义务的，应当承担民事责任。

公民、法人由于过错侵害国家的、集体的财产，侵害他人财产、人身的，应当承担民事责任。

没有过错，但法律规定应当承担民事责任的，应当承担民事责任。

第一百零七条 因不可抗力不能履行合同或者造成他人损害的，不承担民事责任，法律另有规定的除外。

第一百一十条 对承担民事责任的公民、法人需要追究行政责任的，应当追究行政责任；构成犯罪的，对公民、法人的法定代表人应当依法追究刑事责任。

第一百一十九条 侵害公民身体造成伤害的，应当赔偿医疗费、因误工减少的收入、残废者生活补助费等费用；造成死亡的，并应当支付丧葬费、死者生前扶养的人必要的生活费等费用。

第一百二十三条 从事高空、高压、易燃、易爆、剧毒、放射性、高速运输工具等对周围环境有高度危险的作业造成他人损害的，应当承担民事责任；如果能够证明损害是由受害人故意造成的，不承担民事责任。

第一百三十四条 承担民事责任的方式主要有：

（一）停止侵害；

（二）排除妨碍；

（三）消除危险；

（四）返还财产；

（五）恢复原状；

（六）修理、重作、更换；

（七）赔偿损失；

（八）支付违约金；

（九）消除影响、恢复名誉；

（十）赔礼道歉。

以上承担民事责任的方式，可以单独适用，也可以合并适用。

人民法院审理民事案件，除适用上述规定外，还可以予以训诫、责令具结悔过、收缴进行非法活动的财物和非法所得，并可以依照法律规定处以罚款、拘留。

四、中华人民共和国刑法(摘录)

第一百三十二条 铁路职工违反规章制度,致使发生铁路运营安全事故,造成严重后果的,处3年以下有期徒刑或者拘役;造成特别严重后果的,处3年以上7年以下有期徒刑。

第一百三十三条 违反交通运输管理法规,因而发生重大事故,致人重伤、死亡或者使公私财产遭受重大损失的,处3年以下有期徒刑或者拘役;交通运输肇事后逃逸或者有其他特别恶劣情节的,处3年以上7年以下有期徒刑;因逃逸致人死亡的,处7年以上有期徒刑。

第一百三十四条 工厂、矿山、林场、建筑企业或者其他企业、事业单位的职工,由于不服管理、违反规章制度,或者强令工人违章冒险作业,因而发生重大伤亡事故或者造成其他严重后果的,处3年以下有期徒刑或者拘役;情节特别恶劣的,处3年以上7年以下有期徒刑。

第一百三十六条 违反爆炸性、易燃性、放射性、毒害性、腐蚀性物品的管理规定,在生产、储存、运输、使用中发生重大事故,造成严重后果的,处3年以下有期徒刑或者拘役;后果特别严重的,处3年以上7年以下有期徒刑。

第一百六十八条 国有公司、企业的工作人员,由于严重不负责任或者滥用职权,造成国有公司、企业破产或者严重损失,致使国家利益遭受重大损失的,处3年以下有期徒刑或者拘役;致使国家利益遭受特别重大损失的,处3年以上7年以下有期徒刑。

国有事业单位的工作人员有前款行为,致使国家利益遭受重大损失的,依照前款的规定处罚。

国有公司、企业、事业单位的工作人员,徇私舞弊,犯前两款罪的,依照第一款的规定从重处罚。

第二百七十七条 第一款以暴力、威胁方法阻碍国家机关工作人员依法执行职务的,处3年以下有期徒刑、拘役、管制或者罚金。

第三百九十七条 国家机关工作人员滥用职权或者玩忽职守,致使公共财产、国家和人民利益遭受重大损失的,处3年以下有期徒刑或者拘役;情节特别严重的,处3年以上7年以下有期徒刑。本法另有规定的,依照规定。

国家机关工作人员徇私舞弊,犯前款罪的,处5年以下有期徒刑或者拘役;情节特别严重的,处5年以上10年以下有期徒刑。本法另有规定的,依照规定。

五、中华人民共和国治安管理处罚法

（2005年8月28日第十届全国人民代表大会常务委员会第十七次会议通过，自2006年3月1日起施行。）

第一章　总　　则

第一条　为维护社会治安秩序，保障公共安全，保护公民、法人和其他组织的合法权益，规范和保障公安机关及其人民警察依法履行治安管理职责，制定本法。

第二条　扰乱公共秩序，妨害公共安全，侵犯人身权利、财产权利，妨害社会管理，具有社会危害性，依照《中华人民共和国刑法》的规定构成犯罪的，依法追究刑事责任；尚不够刑事处罚的，由公安机关依照本法给予治安管理处罚。

第三条　治安管理处罚的程序，适用本法的规定；本法没有规定的，适用《中华人民共和国行政处罚法》的有关规定。

第四条　在中华人民共和国领域内发生的违反治安管理行为，除法律有特别规定的外，适用本法。

在中华人民共和国船舶和航空器内发生的违反治安管理行为，除法律有特别规定的外，适用本法。

第五条　治安管理处罚必须以事实为依据，与违反治安管理行为的性质、情节以及社会危害程度相当。

实施治安管理处罚，应当公开、公正，尊重和保障人权，保护公民的人格尊严。

办理治安案件应当坚持教育与处罚相结合的原则。

第六条 各级人民政府应当加强社会治安综合治理,采取有效措施,化解社会矛盾,增进社会和谐,维护社会稳定。

第七条 国务院公安部门负责全国的治安管理工作。县级以上地方各级人民政府公安机关负责本行政区域内的治安管理工作。

治安案件的管辖由国务院公安部门规定。

第八条 违反治安管理的行为对他人造成损害的,行为人或者其监护人应当依法承担民事责任。

第九条 对于因民间纠纷引起的打架斗殴或者损毁他人财物等违反治安管理行为,情节较轻的,公安机关可以调解处理。经公安机关调解,当事人达成协议的,不予处罚。经调解未达成协议或者达成协议后不履行的,公安机关应当依照本法的规定对违反治安管理行为人给予处罚,并告知当事人可以就民事争议依法向人民法院提起民事诉讼。

第二章 处罚的种类和适用

第十条 治安管理处罚的种类分为:

(一)警告;

(二)罚款;

(三)行政拘留;

(四)吊销公安机关发放的许可证。

对违反治安管理的外国人,可以附加适用限期出境或者驱逐出境。

第十一条　办理治安案件所查获的毒品、淫秽物品等违禁品，赌具、赌资，吸食、注射毒品的用具以及直接用于实施违反治安管理行为的本人所有的工具，应当收缴，按照规定处理。

违反治安管理所得的财物，追缴退还被侵害人；没有被侵害人的，登记造册，公开拍卖或者按照国家有关规定处理，所得款项上缴国库。

第十二条　已满十四周岁不满十八周岁的人违反治安管理的，从轻或者减轻处罚；不满十四周岁的人违反治安管理的，不予处罚，但是应当责令其监护人严加管教。

第十三条　精神病人在不能辨认或者不能控制自己行为的时候违反治安管理的，不予处罚，但是应当责令其监护人严加看管和治疗。间歇性的精神病人在精神正常的时候违反治安管理的，应当给予处罚。

第十四条　盲人或者又聋又哑的人违反治安管理的，可以从轻、减轻或者不予处罚。

第十五条　醉酒的人违反治安管理的，应当给予处罚。

醉酒的人在醉酒状态中，对本人有危险或者对他人的人身、财产或者公共安全有威胁的，应当对其采取保护性措施约束至酒醒。

第十六条　有两种以上违反治安管理行为的，分别决定，合并执行。行政拘留处罚合并执行的，最长不超过二十日。

第十七条　共同违反治安管理的，根据违反治安管理行为人在违反治安管理行为中所起的作用，分别处罚。

教唆、胁迫、诱骗他人违反治安管理的，按照其教唆、胁迫、诱骗的行为处罚。

第十八条 单位违反治安管理的，对其直接负责的主管人员和其他直接责任人员依照本法的规定处罚。其他法律、行政法规对同一行为规定给予单位处罚的，依照其规定处罚。

第十九条 违反治安管理有下列情形之一的，减轻处罚或者不予处罚：

（一）情节特别轻微的；

（二）主动消除或者减轻违法后果，并取得被侵害人谅解的；

（三）出于他人胁迫或者诱骗的；

（四）主动投案，向公安机关如实陈述自己的违法行为的；

（五）有立功表现的。

第二十条 违反治安管理有下列情形之一的，从重处罚：

（一）有较严重后果的；

（二）教唆、胁迫、诱骗他人违反治安管理的；

（三）对报案人、控告人、举报人、证人打击报复的；

（四）六个月内曾受过治安管理处罚的。

第二十一条 违反治安管理行为人有下列情形之一，依照本法应当给予行政拘留处罚的，不执行行政拘留处罚：

（一）已满十四周岁不满十六周岁的；

（二）已满十六周岁不满十八周岁，初次违反治安管理的；

（三）七十周岁以上的；

（四）怀孕或者哺乳自己不满一周岁婴儿的。

第二十二条 违反治安管理行为在六个月内没有被公安机关发现的，不再处罚。

前款规定的期限，从违反治安管理行为发生之日起计算；违反治安管理行为有连续或者继续状态的，从行为终了之日起计算。

第三章 违反治安管理的行为和处罚

第一节 扰乱公共秩序的行为和处罚

第二十三条 有下列行为之一的，处警告或者二百元以下罚款；情节较重的，处五日以上十日以下拘留，可以并处五百元以下罚款：

（一）扰乱机关、团体、企业、事业单位秩序，致使工作、生产、营业、医疗、教学、科研不能正常进行，尚未造成严重损失的；

（二）扰乱车站、港口、码头、机场、商场、公园、展览馆或者其他公共场所秩序的；

（三）扰乱公共汽车、电车、火车、船舶、航空器或者其他公共交通工具上的秩序的；

（四）非法拦截或者强登、扒乘机动车、船舶、航空器以及其他交通工具，影响交通工具正常行驶的；

（五）破坏依法进行的选举秩序的。

聚众实施前款行为的，对首要分子处十日以上十五日以下拘留，可以并处一千元以下罚款。

第二十四条 有下列行为之一，扰乱文化、体育等大型群众性活动秩序的，处警告或者二百元以下罚款；情节严重的，处五日以上十日以下拘留，可以并处五百元以下罚款：

（一）强行进入场内的；

（二）违反规定，在场内燃放烟花爆竹或者其他物品的；

（三）展示侮辱性标语、条幅等物品的；

（四）围攻裁判员、运动员或者其他工作人员的；

（五）向场内投掷杂物，不听制止的；

（六）扰乱大型群众性活动秩序的其他行为。

因扰乱体育比赛秩序被处以拘留处罚的，可以同时责令其十二个月内不得进入体育场馆观看同类比赛；违反规定进入体育场馆的，强行带离现场。

第二十五条 有下列行为之一的，处五日以上十日以下拘留，可以并处五百元以下罚款；情节较轻的，处五日以下拘留或者五百元以下罚款：

（一）散布谣言，谎报险情、疫情、警情或者以其他方法故意扰乱公共秩序的；

（二）投放虚假的爆炸性、毒害性、放射性、腐蚀性物质或者传染病病原体等危险物质扰乱公共秩序的；

（三）扬言实施放火、爆炸、投放危险物质扰乱公共秩序的。

第二十六条 有下列行为之一的，处五日以上十日以下拘留，可以并处五百元以下罚款；情节较重的，处十日以上十五日以下拘留，可以并处一千元以下罚款：

（一）结伙斗殴的；

（二）追逐、拦截他人的；

（三）强拿硬要或者任意损毁、占用公私财物的；

（四）其他寻衅滋事行为。

第二十七条 有下列行为之一的，处十日以上十五日以下拘留，可以并处一千元以下罚款；情节较轻的，处五日以上十日以下拘留，可以并处五百元以下罚款：

（一）组织、教唆、胁迫、诱骗、煽动他人从事邪教、会道门活动或者利用邪教、会道门、迷信活动，扰乱社会秩序、损害他人身体健康的；

（二）冒用宗教、气功名义进行扰乱社会秩序、损害他人身体健康活动的。

第二十八条 违反国家规定，故意干扰无线电业务正常进行的，或者对正常运行的无线电台（站）产生有害干扰，经有关主管部门指出后，拒不采取有效措施消除的，处五日以上十日以下拘留；情节严重的，处十日以上十五日以下拘留。

第二十九条 有下列行为之一的，处五日以下拘留；情节较重的，处五日以上十日以下拘留：

（一）违反国家规定，侵入计算机信息系统，造成危害的；

（二）违反国家规定，对计算机信息系统功能进行删除、修改、增加、干扰，造成计算机信息系统不能正常运行的；

（三）违反国家规定，对计算机信息系统中存储、处理、传输的数据和应用程序进行删除、修改、增加的；

（四）故意制作、传播计算机病毒等破坏性程序，影响计算机信息系统正常运行的。

第二节 妨害公共安全的行为和处罚

第三十条 违反国家规定，制造、买卖、储存、运输、邮寄、携带、使用、提供、处置爆炸性、毒害性、放射性、腐蚀性物质或者传染病病原体等危险物质的，处十日以上十五日以下拘留；情节较轻的，处五日以上十日以下拘留。

第三十一条 爆炸性、毒害性、放射性、腐蚀性物质或者传染病病原体等危险物质被盗、被抢或者丢失，未按规定报告的，处五日以下拘留；故意隐瞒不报的，处五日以上十日以下拘留。

第三十二条 非法携带枪支、弹药或者弩、匕首等国家规定的管制器具的，处五日以下拘留，可以并处五百元以下罚款；情节较轻的，处警告或者二百元以下罚款。

非法携带枪支、弹药或者弩、匕首等国家规定的管制器具进入公共场所或者公共交通工具的，处五日以上十日以下拘留，可以并处五百元以下罚款。

第三十三条 有下列行为之一的，处十日以上十五日以下拘留：

（一）盗窃、损毁油气管道设施、电力电信设施、广播电视设施、水利防汛工程设施或者水文监测、测量、气象测报、环境监测、地质监测、地震监测等公共设施的；

（二）移动、损毁国家边境的界碑、界桩以及其他边境标志、边境设施或者领土、领海标志设施的；

（三）非法进行影响国（边）界线走向的活动或者修建有碍国（边）境管理的设施的。

第三十四条 盗窃、损坏、擅自移动使用中的航空设施，或者强行进入航空器驾驶舱的，处十日以上十五日以下拘留。

在使用中的航空器上使用可能影响导航系统正常功

能的器具、工具，不听劝阻的，处五日以下拘留或者五百元以下罚款。

第三十五条 有下列行为之一的，处五日以上十日以下拘留，可以并处五百元以下罚款；情节较轻的，处五日以下拘留或者五百元以下罚款：

（一）盗窃、损毁或者擅自移动铁路设施、设备、机车车辆配件或者安全标志的；

（二）在铁路线路上放置障碍物，或者故意向列车投掷物品的；

（三）在铁路线路、桥梁、涵洞处挖掘坑穴、采石取沙的；

（四）在铁路线路上私设道口或者平交过道的。

第三十六条 擅自进入铁路防护网或者火车来临时在铁路线路上行走坐卧、抢越铁路，影响行车安全的，处警告或者二百元以下罚款。

第三十七条 有下列行为之一的，处五日以下拘留或者五百元以下罚款；情节严重的，处五日以上十日以下拘留，可以并处五百元以下罚款：

（一）未经批准，安装、使用电网的，或者安装、使用电网不符合安全规定的；

（二）在车辆、行人通行的地方施工，对沟井坎穴不设覆盖物、防围和警示标志的，或者故意损毁、移动覆盖物、防围和警示标志的；

（三）盗窃、损毁路面井盖、照明等公共设施的。

第三十八条 举办文化、体育等大型群众性活动，违反有关规定，有发生安全事故危险的，责令停止活动，立即疏散。对组织者处五日以上十日以下拘留，并处二百元以上五百元以下罚款；情节较轻的，处五日以下拘留或者五百元以下罚款。

第三十九条 旅馆、饭店、影剧院、娱乐场、运动场、展览馆或者其他供社会公众活动的场所的经营管理人员，违反安全规定，致使该场所有发生安全事故危险，经公安机关责令改正，拒不改正的，处五日以下拘留。

第三节 侵犯人身权利、财产权利的行为和处罚

第四十条 有下列行为之一的，处十日以上十五日以下拘留，并处五百元以上一千元以下罚款；情节较轻的，处五日以上十日以下拘留，并处二百元以上五百元以下罚款：

（一）组织、胁迫、诱骗不满十六周岁的人或者残疾人进行恐怖、残忍表演的；

（二）以暴力、威胁或者其他手段强迫他人劳动的；

（三）非法限制他人人身自由、非法侵入他人住宅或者非法搜查他人身体的。

第四十一条 胁迫、诱骗或者利用他人乞讨的，处十日以上十五日以下拘留，可以并处一千元以下罚款。

反复纠缠、强行讨要或者以其他滋扰他人的方式乞讨的，处五日以下拘留或者警告。

第四十二条 有下列行为之一的，处五日以下拘留或者五百元以下罚款；情节较重的，处五日以上十日以下拘留，可以并处五百元以下罚款：

（一）写恐吓信或者以其他方法威胁他人人身安全的；

（二）公然侮辱他人或者捏造事实诽谤他人的；

（三）捏造事实诬告陷害他人，企图使他人受到刑事追究或者受到治安管理处罚的；

（四）对证人及其近亲属进行威胁、侮辱、殴打或者打击报复的；

（五）多次发送淫秽、侮辱、恐吓或者其他信息，干扰他人正常生活的；

（六）偷窥、偷拍、窃听、散布他人隐私的。

第四十三条 殴打他人的，或者故意伤害他人身体的，处五日以上十日以下拘留，并处二百元以上五百元以下罚款；情节较轻的，处五日以下拘留或者五百元以下罚款。

有下列情形之一的，处十日以上十五日以下拘留，并处五百元以上一千元以下罚款：

（一）结伙殴打、伤害他人的；

（二）殴打、伤害残疾人、孕妇、不满十四周岁的人或者六十周岁以上的人的；

（三）多次殴打、伤害他人或者一次殴打、伤害多人的。

第四十四条 猥亵他人的，或者在公共场所故意裸露身体，情节恶劣的，处五日以上十日以下拘留；猥亵智力残疾人、精神病人、不满十四周岁的人或者有其他严重情节的，处十日以上十五日以下拘留。

第四十五条 有下列行为之一的，处五日以下拘留或者警告：

（一）虐待家庭成员，被虐待人要求处理的；

（二）遗弃没有独立生活能力的被扶养人的。

第四十六条 强买强卖商品，强迫他人提供服务或者强迫他人接受服务的，处五日以上十日以下拘留，并处二百元以上五百元以下罚款；情节较轻的，处五日以下拘留或者五百元以下罚款。

第四十七条 煽动民族仇恨、民族歧视，或者在出版物、计算机信息网络中刊载民族歧视、侮辱内容的，处十日以上十五日以下拘留，可以并处一千元以下罚款。

第四十八条 冒领、隐匿、毁弃、私自开拆或者非法检查他人邮件的，处五日以下拘留或者五百元以下罚款。

第四十九条 盗窃、诈骗、哄抢、抢夺、敲诈勒索或者故意损毁公私财物的，处五日以上十日以下拘留，可以并处五百元以下罚款；情节较重的，处十日以上十五日以下拘留，可以并处一千元以下罚款。

第四节 妨害社会管理的行为和处罚

第五十条 有下列行为之一的，处警告或者二百元以下罚款；情节严重的，处五日以上十日以下拘留，可以并处五百元以下罚款：

（一）拒不执行人民政府在紧急状态情况下依法发布的决定、命令的；

（二）阻碍国家机关工作人员依法执行职务的；

（三）阻碍执行紧急任务的消防车、救护车、工程抢险车、警车等车辆通行的；

（四）强行冲闯公安机关设置的警戒带、警戒区的。

阻碍人民警察依法执行职务的，从重处罚。

第五十一条 冒充国家机关工作人员或者以其他虚假身份招摇撞骗的，处五日以上十日以下拘留，可以并处五百元以下罚款；情节较轻的，处五日以下拘留或者五百元以下罚款。

冒充军警人员招摇撞骗的,从重处罚。

第五十二条 有下列行为之一的,处十日以上十五日以下拘留,可以并处一千元以下罚款;情节较轻的,处五日以上十日以下拘留,可以并处五百元以下罚款:

(一)伪造、变造或者买卖国家机关、人民团体、企业、事业单位或者其他组织的公文、证件、证明文件、印章的;

(二)买卖或者使用伪造、变造的国家机关、人民团体、企业、事业单位或者其他组织的公文、证件、证明文件的;

(三)伪造、变造、倒卖车票、船票、航空客票、文艺演出票、体育比赛入场券或者其他有价票证、凭证的;

(四)伪造、变造船舶户牌,买卖或者使用伪造、变造的船舶户牌,或者涂改船舶发动机号码的。

第五十三条 船舶擅自进入、停靠国家禁止、限制进入的水域或者岛屿的,对船舶负责人及有关责任人员处五百元以上一千元以下罚款;情节严重的,处五日以下拘留,并处五百元以上一千元以下罚款。

第五十四条 有下列行为之一的,处十日以上十五日以下拘留,并处五百元以上一千元以下罚款;情节较轻的,处五日以下拘留或者五百元以下罚款:

(一)违反国家规定,未经注册登记,以社会团体名义进行活动,被取缔后,仍进行活动的;

(二)被依法撤销登记的社会团体,仍以社会团体名义进行活动的;

(三)未经许可,擅自经营按照国家规定需要由公安机关许可的行业的。

有前款第三项行为的,予以取缔。

取得公安机关许可的经营者,违反国家有关管理规定,情节严重的,公安机关可以吊销许可证。

第五十五条 煽动、策划非法集会、游行、示威,不听劝阻的,处十日以上十五日以下拘留。

第五十六条 旅馆业的工作人员对住宿的旅客不按规定登记姓名、身份证件种类和号码的,或者明知住宿的旅客将危险物质带入旅馆,不予制止的,处二百元以上五百元以下罚款。

旅馆业的工作人员明知住宿的旅客是犯罪嫌疑人员或者被公安机关通缉的人员,不向公安机关报告的,处二百元以上五百元以下罚款;情节严重的,处五日以下拘留,可以并处五百元以下罚款。

第五十七条 房屋出租人将房屋出租给无身份证件的人居住的,或者不按规定登记承租人姓名、身份证件种类和号码的,处二百元以上五百元以下罚款。

房屋出租人明知承租人利用出租房屋进行犯罪活动,不向公安机关报告的,处二百元以上五百元以下罚款;情节严重的,处五日以下拘留,可以并处五百元以下罚款。

第五十八条 违反关于社会生活噪声污染防治的法律规定,制造噪声干扰他人正常生活的,处警告;警告后不改正的,处二百元以上五百元以下罚款。

第五十九条 有下列行为之一的,处五百元以上一千元以下罚款;情节严重的,处五日以上十日以下拘留,并处五百元以上一千元以下罚款:

(一)典当业工作人员承接典当的物品,不查验有关

证明、不履行登记手续,或者明知是违法犯罪嫌疑人、赃物,不向公安机关报告的;

(二)违反国家规定,收购铁路、油田、供电、电信、矿山、水利、测量和城市公用设施等废旧专用器材的;

(三)收购公安机关通报寻查的赃物或者有赃物嫌疑的物品的;

(四)收购国家禁止收购的其他物品的。

第六十条 有下列行为之一的,处五日以上十日以下拘留,并处二百元以上五百元以下罚款:

(一)隐藏、转移、变卖或者损毁行政执法机关依法扣押、查封、冻结的财物的;

(二)伪造、隐匿、毁灭证据或者提供虚假证言、谎报案情,影响行政执法机关依法办案的;

(三)明知是赃物而窝藏、转移或者代为销售的;

(四)被依法执行管制、剥夺政治权利或者在缓刑、保外就医等监外执行中的罪犯或者被依法采取刑事强制措施的人,有违反法律、行政法规和国务院公安部门有关监督管理规定的行为。

第六十一条 协助组织或者运送他人偷越国(边)境的,处十日以上十五日以下拘留,并处一千元以上五千元以下罚款。

第六十二条 为偷越国(边)境人员提供条件的,处五日以上十日以下拘留,并处五百元以上二千元以下罚款。

偷越国(边)境的,处五日以下拘留或者五百元以下罚款。

第六十三条 有下列行为之一的,处警告或者二百

元以下罚款;情节较重的,处五日以上十日以下拘留,并处二百元以上五百元以下罚款:

(一)刻划、涂污或者以其他方式故意损坏国家保护的文物、名胜古迹的;

(二)违反国家规定,在文物保护单位附近进行爆破、挖掘等活动,危及文物安全的。

第六十四条 有下列行为之一的,处五百元以上一千元以下罚款;情节严重的,处十日以上十五日以下拘留,并处五百元以上一千元以下罚款:

(一)偷开他人机动车的;

(二)未取得驾驶证驾驶或者偷开他人航空器、机动船舶的。

第六十五条 有下列行为之一的,处五日以上十日以下拘留;情节严重的,处十日以上十五日以下拘留,可以并处一千元以下罚款:

(一)故意破坏、污损他人坟墓或者毁坏、丢弃他人尸骨、骨灰的;

(二)在公共场所停放尸体或者因停放尸体影响他人正常生活、工作秩序,不听劝阻的。

第六十六条 卖淫、嫖娼的,处十日以上十五日以下拘留,可以并处五千元以下罚款;情节较轻的,处五日以下拘留或者五百元以下罚款。

在公共场所拉客招嫖的,处五日以下拘留或者五百元以下罚款。

第六十七条 引诱、容留、介绍他人卖淫的,处十日以上十五日以下拘留,可以并处五千元以下罚款;情节较轻的,处五日以下拘留或者五百元以下罚款。

第六十八条 制作、运输、复制、出售、出租淫秽的书刊、图片、影片、音像制品等淫秽物品或者利用计算机信息网络、电话以及其他通讯工具传播淫秽信息的，处十日以上十五日以下拘留，可以并处三千元以下罚款；情节较轻的，处五日以下拘留或者五百元以下罚款。

第六十九条 有下列行为之一的，处十日以上十五日以下拘留，并处五百元以上一千元以下罚款：

（一）组织播放淫秽音像的；

（二）组织或者进行淫秽表演的；

（三）参与聚众淫乱活动的。

明知他人从事前款活动，为其提供条件的，依照前款的规定处罚。

第七十条 以营利为目的，为赌博提供条件的，或者参与赌博赌资较大的，处五日以下拘留或者五百元以下罚款；情节严重的，处十日以上十五日以下拘留，并处五百元以上三千元以下罚款。

第七十一条 有下列行为之一的，处十日以上十五日以下拘留，可以并处三千元以下罚款；情节较轻的，处五日以下拘留或者五百元以下罚款：

（一）非法种植罂粟不满五百株或者其他少量毒品原植物的；

（二）非法买卖、运输、携带、持有少量未经灭活的罂粟等毒品原植物种子或者幼苗的；

（三）非法运输、买卖、储存、使用少量罂粟壳的。

有前款第一项行为，在成熟前自行铲除的，不予处罚。

第七十二条 有下列行为之一的，处十日以上十五日以下日以下拘留，可以并处二千元以下罚款；情节较轻的，处五日以下拘留或者五百元以下罚款：

（一）非法持有鸦片不满二百克、海洛因或者甲基苯丙胺不满十克或者其他少量毒品的；

（二）向他人提供毒品的；

（三）吸食、注射毒品的；

（四）胁迫、欺骗医务人员开具麻醉药品、精神药品的。

第七十三条 教唆、引诱、欺骗他人吸食、注射毒品的，处十日以上十五日以下拘留，并处五百元以上二千元以下罚款。

第七十四条 旅馆业、饮食服务业、文化娱乐业、出租汽车业等单位的人员，在公安机关查处吸毒、赌博、卖淫、嫖娼活动时，为违法犯罪行为人通风报信的，处十日以上十五日以下拘留。

第七十五条 饲养动物，干扰他人正常生活的，处警告；警告后不改正的，或者放任动物恐吓他人的，处二百元以上五百元以下罚款。

驱使动物伤害他人的，依照本法第四十三条第一款的规定处罚。

第七十六条 有本法第六十七条、第六十八条、第七十条的行为，屡教不改的，可以按照国家规定采取强制性教育措施。

第四章 处罚程序

第一节 调　　查

第七十七条 公安机关对报案、控告、举报或者违反治安管理行为人主动投案，以及其他行政主管部门、司法机关移送的违反治安管理案件，应当及时受理，并进行登记。

第七十八条 公安机关受理报案、控告、举报、投案后，认为属于违反治安管理行为的，应当立即进行调查；认为不属于违反治安管理行为的，应当告知报案人、控告人、举报人、投案人，并说明理由。

第七十九条 公安机关及其人民警察对治安案件的调查，应当依法进行。严禁刑讯逼供或者采用威胁、引诱、欺骗等非法手段收集证据。

以非法手段收集的证据不得作为处罚的根据。

第八十条 公安机关及其人民警察在办理治安案件时，对涉及的国家秘密、商业秘密或者个人隐私，应当予以保密。

第八十一条 人民警察在办理治安案件过程中，遇有下列情形之一的，应当回避；违反治安管理行为人、被侵害人或者其法定代理人也有权要求他们回避：

（一）是本案当事人或者当事人的近亲属的；

（二）本人或者其近亲属与本案有利害关系的；

（三）与本案当事人有其他关系，可能影响案件公正处理的。

人民警察的回避，由其所属的公安机关决定；公安机关负责人的回避，由上一级公安机关决定。

第八十二条 需要传唤违反治安管理行为人接受调查的，经公安机关办案部门负责人批准，使用传唤证传唤。对现场发现的违反治安管理行为人，人民警察经出示工作证件，可以口头传唤，但应当在询问笔录中注明。

公安机关应当将传唤的原因和依据告知被传唤人。对无正当理由不接受传唤或者逃避传唤的人,可以强制传唤。

第八十三条 对违反治安管理行为人,公安机关传唤后应当及时询问查证,询问查证的时间不得超过八小时;情况复杂,依照本法规定可能适用行政拘留处罚的,询问查证的时间不得超过二十四小时。

公安机关应当及时将传唤的原因和处所通知被传唤人家属。

第八十四条 询问笔录应当交被询问人核对;对没有阅读能力的,应当向其宣读。记载有遗漏或者差错的,被询问人可以提出补充或者更正。被询问人确认笔录无误后,应当签名或者盖章,询问的人民警察也应当在笔录上签名。

被询问人要求就被询问事项自行提供书面材料的,应当准许;必要时,人民警察也可以要求被询问人自行书写。

询问不满十六周岁的违反治安管理行为人,应当通知其父母或者其他监护人到场。

第八十五条 人民警察询问被侵害人或者其他证人,可以到其所在单位或者住处进行;必要时,也可以通知其到公安机关提供证言。

人民警察在公安机关以外询问被侵害人或者其他证人,应当出示工作证件。

询问被侵害人或者其他证人,同时适用本法第八十五条的规定。

第八十六条 询问聋哑的违反治安管理行为人、被侵害人或者其他证人,应当有通晓手语的人提供帮助,并在笔录上注明。

询问不通晓当地通用的语言文字的违反治安管理行为人、被侵害人或者其他证人,应当配备翻译人员,并在笔录上注明。

第八十七条 公安机关对与违反治安管理行为有关的场所、物品、人身可以进行检查。检查时,人民警察不得少于二人,并应当出示工作证件和县级以上人民政府公安机关开具的检查证明文件。对确有必要立即进行检查的,人民警察经出示工作证件,可以当场检查,但检查公民住所应当出示县级以上人民政府公安机关开具的检查证明文件。

检查妇女的身体,应当由女性工作人员进行。

第八十八条 检查的情况应当制作检查笔录,由检查人、被检查人和见证人签名或者盖章;被检查人拒绝签名的,人民警察应当在笔录上注明。

第八十九条 公安机关办理治安案件,对与案件有关的需要作为证据的物品,可以扣押;对被侵害人或者善意第三人合法占有的财产,不得扣押,应当予以登记。对与案件无关的物品,不得扣押。

对扣押的物品,应当会同在场见证人和被扣押物品持有人查点清楚,当场开列清单一式二份,由调查人员、见证人和持有人签名或者盖章,一份交给持有人,另一份附卷备查。

对扣押的物品,应当妥善保管,不得挪作他用;对不宜长期保存的物品,按照有关规定处理。经查明与案件无关的,应当及时退还;经核实属于他人合法财产的,应当登记后立即退还；满六个月无人对该财产主张权利或者无法查清权利人的，应当公开拍卖或者按照国家有关规定处理，所得款项上缴国库。

第九十条 为了查明案情，需要解决案件中有争议的专门性问题的，应当指派或者聘请具有专门知识的人员进行鉴定；鉴定人鉴定后，应当写出鉴定意见，并且签名。

第二节 决 定

第九十一条 治安管理处罚由县级以上人民政府公安机关决定；其中警告、五百元以下的罚款可以由公安派出所决定。

第九十二条 对决定给予行政拘留处罚的人，在处罚前已经采取强制措施限制人身自由的时间，应当折抵。限制人身自由一日，折抵行政拘留一日。

第九十三条 公安机关查处治安案件，对没有本人陈述，但其他证据能够证明案件事实的，可以作出治安管理处罚决定。但是，只有本人陈述，没有其他证据证明的，不能作出治安管理处罚决定。

第九十四条 公安机关作出治安管理处罚决定前，应当告知违反治安管理行为人作出治安管理处罚的事实、理由及依据，并告知违反治安管理行为人依法享有的权利。

违反治安管理行为人有权陈述和申辩。公安机关必须充分听取违反治安管理行为人的意见，对违反治安管理行为人提出的事实、理由和证据，应当进行复核；违反治安管理行为人提出的事实、理由或者证据成立的，公安机关应当采纳。

公安机关不得因违反治安管理行为人的陈述、申辩而加重处罚。

第九十五条 治安案件调查结束后，公安机关应当根据不同情况，分别作出以下处理：

（一）确有依法应当给予治安管理处罚的违法行为的，根据情节轻重及具体情况，作出处罚决定；

（二）依法不予处罚的，或者违法事实不能成立的，作出不予处罚决定；

（三）违法行为已涉嫌犯罪的，移送主管机关依法追究刑事责任；

（四）发现违反治安管理行为人有其他违法行为的，在对违反治安管理行为作出处罚决定的同时，通知有关行政主管部门处理。

第九十六条 公安机关作出治安管理处罚决定的，应当制作治安管理处罚决定书。决定书应当载明下列内容：

（一）被处罚人的姓名、性别、年龄、身份证件的名称和号码、住址；

（二）违法事实和证据；

（三）处罚的种类和依据；

（四）处罚的执行方式和期限；

（五）对处罚决定不服，申请行政复议、提起行政诉讼的途径和期限；

（六）作出处罚决定的公安机关的名称和作出决定的日期。

决定书应当由作出处罚决定的公安机关加盖印章。

第九十七条 公安机关应当向被处罚人宣告治安管理处罚决定书,并当场交付被处罚人;无法当场向被处罚人宣告的,应当在二日内送达被处罚人。决定给予行政拘留处罚的,应当及时通知被处罚人的家属。

有被侵害人的,公安机关应当将决定书副本抄送被侵害人。

第九十八条 公安机关作出吊销许可证以及处二千元以上罚款的治安管理处罚决定前,应当告知违反治安管理行为人有权要求举行听证;违反治安管理行为人要求听证的,公安机关应当及时依法举行听证。

第九十九条 公安机关办理治安案件的期限,自受理之日起不得超过三十日;案情重大、复杂的,经上一级公安机关批准,可以延长三十日。

为了查明案情进行鉴定的期间,不计入办理治安案件的期限。

第一百条 违反治安管理行为事实清楚,证据确凿,处警告或者二百元以下罚款的,可以当场作出治安管理处罚决定。

第一百零一条 当场作出治安管理处罚决定的,人民警察应当向违反治安管理行为人出示工作证件,并填写处罚决定书。处罚决定书应当当场交付被处罚人;有被侵害人的,并将决定书副本抄送被侵害人。

前款规定的处罚决定书,应当载明被处罚人的姓名、违法行为、处罚依据、罚款数额、时间、地点以及公安机关名称,并由经办的人民警察签名或者盖章。

当场作出治安管理处罚决定的,经办的人民警察应当在二十四小时内报所属公安机关备案。

第一百零二条 被处罚人对治安管理处罚决定不服的，可以依法申请行政复议或者提起行政诉讼。

第三节 执 行

第一百零三条 对被决定给予行政拘留处罚的人，由作出决定的公安机关送达拘留所执行。

第一百零四条 受到罚款处罚的人应当自收到处罚决定书之日起十五日内，到指定的银行缴纳罚款。但是，有下列情形之一的，人民警察可以当场收缴罚款：

（一）被处五十元以下罚款，被处罚人对罚款无异议的；

（二）在边远、水上、交通不便地区，公安机关及其人民警察依照本法的规定作出罚款决定后，被处罚人向指定的银行缴纳罚款确有困难，经被处罚人提出的；

（三）被处罚人在当地没有固定住所，不当场收缴事后难以执行的。

第一百零五条 人民警察当场收缴的罚款，应当自收缴罚款之日起二日内，交至所属的公安机关；在水上、旅客列车上当场收缴的罚款，应当自抵岸或者到站之日起二日内，交至所属的公安机关；公安机关应当自收到罚款之日起二日内将罚款缴付指定的银行。

第一百零六条 人民警察当场收缴罚款的，应当向被处罚人出具省、自治区、直辖市人民政府财政部门统一制发的罚款收据；不出具统一制发的罚款收据的，被处罚人有权拒绝缴纳罚款。

第一百零七条 被处罚人不服行政拘留处罚决定，申请行政复议、提起行政诉讼的，可以向公安机关提出暂缓执行行政拘留的申请。公安机关认为暂缓执行行政拘留不致发生社会危险的，由被处罚人或者其近亲属提出符合本法第一百零八条规定条件的担保人，或者按每日行政拘留二百元的标准交纳保证金，行政拘留的处罚决定暂缓执行。

第一百零八条 担保人应当符合下列条件：

（一）与本案无牵连；

（二）享有政治权利，人身自由未受到限制；

（三）在当地有常住户口和固定住所；

（四）有能力履行担保义务。

第一百零九条 担保人应当保证被担保人不逃避行政拘留处罚的执行。

担保人不履行担保义务，致使被担保人逃避行政拘留处罚的执行的，由公安机关对其处三千元以下罚款。

第一百一十条 被决定给予行政拘留处罚的人交纳保证金，暂缓行政拘留后，逃避行政拘留处罚的执行的，保证金予以没收并上缴国库，已经作出的行政拘留决定仍应执行。

第一百一十一条 行政拘留的处罚决定被撤销，或者行政拘留处罚开始执行的，公安机关收取的保证金应当及时退还交纳人。

第五章 执法监督

第一百一十二条 公安机关及其人民警察应当依法、公正、严格、高效办理治安案件，文明执法，不得徇私舞弊。

第一百一十三条 公安机关及其人民警察办理治安案件,禁止对违反治安管理行为人打骂、虐待或者侮辱。

第一百一十四条 公安机关及其人民警察办理治安案件,应当自觉接受社会和公民的监督。

公安机关及其人民警察办理治安案件,不严格执法或者有违法违纪行为的,任何单位和个人都有权向公安机关或者人民检察院、行政监察机关检举、控告;收到检举、控告的机关,应当依据职责及时处理。

第一百一十五条 公安机关依法实施罚款处罚,应当依照有关法律、行政法规的规定,实行罚款决定与罚款收缴分离;收缴的罚款应当全部上缴国库。

第一百一十六条 人民警察办理治安案件,有下列行为之一的,依法给予行政处分;构成犯罪的,依法追究刑事责任:

(一)刑讯逼供、体罚、虐待、侮辱他人的;

(二)超过询问查证的时间限制人身自由的;

(三)不执行罚款决定与罚款收缴分离制度或者不按规定将罚没的财物上缴国库或者依法处理的;

(四)私分、侵占、挪用、故意损毁收缴、扣押的财物的;

(五)违反规定使用或者不及时返还被侵害人财物的;

(六)违反规定不及时退还保证金的;

(七)利用职务上的便利收受他人财物或者谋取其他利益的;

(八)当场收缴罚款不出具罚款收据或者不如实填写罚款数额的;

（九）接到要求制止违反治安管理行为的报警后，不及时出警的；

（十）在查处违反治安管理活动时，为违法犯罪行为人通风报信的；

（十一）有徇私舞弊、滥用职权，不依法履行法定职责的其他情形的。

办理治安案件的公安机关有前款所列行为的，对直接负责的主管人员和其他直接责任人员给予相应的行政处分。

第一百一十七条 公安机关及其人民警察违法行使职权，侵犯公民、法人和其他组织合法权益的，应当赔礼道歉；造成损害的，应当依法承担赔偿责任。

第六章 附 则

第一百一十八条 本法所称以上、以下、以内，包括本数。

第一百一十九条 本法自2006年3月1日起施行。1986年9月5日公布、1994年5月12日修订公布的《中华人民共和国治安管理处罚条例》同时废止。

六、铁路运输安全保护条例

（2004年12月22日国务院第74次常务会议通过，自2005年4月1日起施行。）

第一章 总 则

第一条 为了加强铁路运输安全管理，保障铁路运输安全和畅通，保护人身安全、财产安全及其他合法权益，根据《中华人民共和国铁路法》和《中华人民共和国安全生产法》，制定本条例。

第二条 中华人民共和国境内的铁路运输安全保护及与铁路运输安全保护有关的活动，适用本条例。

第三条 铁路运输安全管理坚持安全第一、预防为主的方针。

第四条 国务院铁路主管部门负责全国的铁路运输安全监督管理工作。

国务院铁路主管部门设立的铁路管理机构（以下简称铁路管理机构）负责本区域内的铁路运输安全监督管理工作。

第五条 铁路沿线地方各级人民政府及县级以上地方人民政府安全生产监督管理等部门应当按照各自职责，做好与铁路运输安全有关的工作，加强铁路运输安全教育，落实护路联防责任制，防范和制止危害铁路运输安全的行为，协调和处理有关铁路运输安全事项。

第六条 公安机关按照职责分工，维护车站、列车等铁路场所的治安秩序和铁路沿线的治安秩序。

第七条 铁路运输企业应当加强铁路运输安全管理，建立、健全安全生产管理制度，设置安全管理机构，保证铁路运输安全所必需的资金投入。

铁路运输工作人员应当坚守岗位，按程序实行标准作业，尽职尽责，保证运输安全。

第八条 国务院铁路主管部门及铁路管理机构应当对突发公共卫生事件、突发铁路治安事件、重大自然灾害及火灾事故、重大铁路运输安全事故及其他影响铁路运输安全、畅通的突发性事件，制定应急预案。

铁路运输企业应当按照国家有关规定，建立、健全本企业的应急预案，明确应急指挥、救援等事项。

第九条 任何单位和个人不得破坏、损坏或者非法占用铁路运输的设施、设备、铁路标志及铁路用地。

任何单位和个人都有保护铁路运输的设施、设备、铁路标志及铁路用地的义务，发现破坏、损坏或者非法占用铁路运输的设施、设备、铁路标志、铁路用地及其他影响铁路运输安全的行为，应当向国务院铁路主管部门、铁路管理机构、公安机关、地方各级人民政府或者有关部门检举、报告，或者及时通知铁路运输企业。接到检举、报告的部门或者接到通知的铁路运输企业应当根据各自职责及时予以处理。

对维护铁路运输安全作出突出贡献的单位或者个人，应当给予表彰奖励。

第二章 铁路线路安全

第十条 铁路线路两侧应当设立铁路线路安全保护

区。铁路线路安全保护区的范围,从铁路线路路堤坡脚、路堑坡顶或者铁路桥梁外侧起向外的距离分别为:

(一)城市市区,不少于8米;

(二)城市郊区居民居住区,不少于10米;

(三)村镇居民居住区,不少于12米;

(四)其他地区,不少于15米。

铁路线路安全保护区的具体范围,由铁路管理机构提出方案,县级以上地方人民政府按照保障铁路运输安全和节约用地的原则划定。铁路用地能满足前款要求的,由铁路管理机构在铁路用地范围内划定铁路线路安全保护区。

铁路线路安全保护区与公路建筑控制区、河道管理范围或者水利工程管理和保护范围重叠的,由铁路管理机构和公路管理机构、水行政主管部门协商后,报县级以上地方人民政府划定。

铁路运输企业应当在铁路线路安全保护区边界设立标桩,并根据需要设置围墙、栅栏等防护设施。

企业或者单位内部的专用铁路需要划定铁路线路安全保护区的,参照本条第一款的规定划定。

第十一条 在铁路线路安全保护区内,除必要的铁路施工、作业、抢险活动外,任何单位和个人不得实施下列行为:

(一)建造建筑物、构筑物;

(二)取土、挖砂、挖沟;

(三)采空作业;

(四)堆放、悬挂物品。

任何单位和个人不得在铁路线路安全保护区内烧

荒、放养牲畜、种植影响铁路线路安全和行车瞭望的树木等植物。

任何单位和个人不得向铁路线路安全保护区排污、排水,倾倒垃圾及其他有害物质。

第十二条 铁路线路安全保护区内已有的建筑物、构筑物,危及铁路运输安全的,由国务院铁路主管部门及铁路管理机构或者县级以上地方人民政府责令采取必要的安全防护措施。对采取安全防护措施后仍不能满足安全要求的,应当按照国家有关规定限期拆除。

拆除铁路线路安全保护区内的建筑物、构筑物的,应当依法给予合理补偿。但是,拆除非法建设的建筑物、构筑物的除外。

第十三条 铁路运输企业的安全生产管理人员应当对铁路线路进行经常性巡查和维护。对巡查中发现的安全问题,应当立即处理;不能处理的,应当及时报告本企业有关负责人。巡查及处理情况应当留存记录。

第十四条 铁路线路及其邻近的建筑物、构筑物、设备等(与机车车辆有直接互相作用的设备除外),不得进入国家规定的铁路建筑接近限界。进入铁路建筑接近限界的,铁路管理机构有权制止、拆除。

第十五条 任何单位和个人不得在铁路桥梁(含道路、铁路两用桥,下同)跨越的河道上下游各 1000 米范围内围垦造田、抽取地下水、拦河筑坝、架设浮桥,及修建其他影响或者危害铁路桥梁安全的设施。

在前款规定的范围内,确需进行围垦造田、抽取地下水、拦河筑坝、架设浮桥等活动的,应当进行安全论证,有关行政管理部门在批准之前应当征求有关铁路管理机构的意见。

第十六条 任何单位和个人不得在铁路桥梁跨越的河道上下游的下列范围内采砂：

（一）桥长500米以上的铁路桥梁，河道上游500米，下游3000米；

（二）桥长100米以上500米以下的铁路桥梁，河道上游500米，下游2000米；

（三）桥长100米以下的铁路桥梁，河道上游500米，下游1000米。

有关部门依法在铁路桥梁跨越的河道上下游划定的禁采区大于前款规定的禁采范围的，依照其划定的禁采范围执行。

第十七条 任何单位和个人不得在铁路线路两侧距路堤坡脚、路堑坡顶、铁路桥梁外侧200米范围内，或者铁路车站及周围200米范围内，及铁路隧道上方中心线两侧各200米范围内，建造、设立生产、加工、储存和销售易燃、易爆或者放射性物品等危险物品的场所、仓库。但是，根据国家有关规定设立的为铁路运输工具补充燃料的设施及办理危险货物运输的除外。

第十八条 在铁路线路两侧路堤坡脚、路堑坡顶、铁路桥梁外侧起各1000米范围内，及在铁路隧道上方中心线两侧各1000米范围内，禁止从事采矿、采石及爆破作业。

在前款规定的范围内，因修建道路、水利工程等公共工程，确需实施采石、爆破作业的，应当与铁路运输企业协商后，采取必要的安全防护措施。

第十九条 道路、铁路两用桥由所在地铁路运输企业和道路管理部门或者道路经营企业定期检查、共同维护，保证道路、铁路两用桥处于安全的技术状态。

道路、铁路两用桥的墩、梁等共用部分的检测、维修由铁路运输企业和道路管理部门或者道路经营企业共同负责，所需的费用根据公平合理的原则分担。

第二十条 铁路的重要桥梁和隧道，按照国家有关规定由中国人民武装警察部队负责守卫。

第二十一条 在铁路桥梁跨越的河道上下游进行疏浚作业，影响铁路桥梁安全的，应当进行安全技术评估，有关河道、航道管理部门在批准前应当征求国务院铁路主管部门或者铁路管理机构的意见，确认安全或者采取安全技术措施后，依法进行疏浚作业。但进行河道、航道日常养护、疏浚作业的除外。

第二十二条 铁路建设单位新建、改建、扩建工程项目的安全设施，必须与主体工程同时设计、同时施工、同时投入生产和使用。安全设施投资应当纳入建设项目概算。

第二十三条 跨越、穿越铁路线路、站场，架设、铺设桥梁、人行过道、管道、渡槽和电力线路、通信线路、油气管线等设施，或者在铁路线路安全保护区内架设、铺设人行过道、管道、渡槽和电力线路、通信线路、油气管线等设施，涉及铁路运输安全的，按照国家有关规定办理；没有规定的，由建设工程项目单位与铁路运输企业协商，不得危及铁路运输安全。

实施前款工程的施工单位应当遵守铁路施工安全规范，不得影响铁路行车安全及运输设施安全。工程项目设计、施工作业方案应当通报铁路运输企业。铁路运输企业应当派员对施工现场实行安全监督。

铁路线路安全保护区内已铺设的油气管线，及临近电气化铁路铺设的通信线路，存在安全隐患的，应当采取必要的安全防护措施。

第二十四条 船舶通过铁路桥梁时，应当符合桥梁的通航净空高度并严格遵守航行规则。

桥区航标中的桥梁航标、桥柱标、桥梁水尺标由铁路运输企业负责设置、维护。水面航标由铁路运输企业负责设置，航道管理部门负责维护，所需维护费用按照国家有关规定执行。

第二十五条 下穿铁路桥梁、涵洞的道路，应当按照国家有关标准设置车辆通过限高标志及限高防护架。城市道路的限高标志，由公安机关交通管理部门或者当地人民政府指定的部门设置并维护；公路的限高标志，由公路管理部门设置并维护。限高防护架在铁路桥梁、涵洞、道路建设时设置，由铁路运输企业负责维护。

机动车通过下穿铁路桥梁、涵洞的道路时，应当遵守限高、限宽规定，不得冲击限高防护架。

下穿铁路的涵洞的管理单位负责涵洞的日常管理、维护，防止淤塞、积水，保证正常通行。

第二十六条 铁路线路安全保护区内的道路及路堑上的道路，道路管理部门或者道路经营企业应当设置防止车辆进入铁路线路的安全防护设施并负责维护。

跨越铁路线路的道路桥梁，道路管理部门或者道路经营企业应当设置防止车辆及其他物体坠入铁路线路的安全防护设施并负责维护。

第二十七条 埋设、铺设、架设铁路信号、通信光

(电)缆应当符合国家规定的标准,并接受国务院信息产业主管部门的监督管理。

铁路运输企业、为铁路运输提供服务的电信企业,应当加强对铁路信号、通信光(电)缆的维护和管理。

第二十八条 任何单位和个人不得擅自设置或者拓宽铁路道口、人行过道。

设置或者拓宽铁路道口、人行过道,应当向铁路管理机构提出申请,并按如下程序审批:城市内设置或者拓宽铁路道口、人行过道,由铁路管理机构会同城市规划部门根据国家有关规定自收到申请之日起30日内共同作出批准或者不予批准的决定;城市外设置或者拓宽铁路道口、人行过道,由铁路管理机构会同当地人民政府根据国家有关规定自收到申请之日起30日内共同作出批准或者不予批准的决定。

决定予以批准的,由铁路管理机构发给批准文件;不予批准的,由铁路管理机构书面通知申请人并说明理由。

第二十九条 列车行驶速度达到国家规定标准时,新建、改建的铁路与道路交叉的,应当设置立体交叉。

道路交通流量、列车行驶速度达到国家规定标准时,新建、改建的道路与铁路交叉的,应当设置立体交叉。

既有的一级公路、二级公路、城市道路与铁路交叉的平交道口,应当逐步改造为立体交叉。

设置铁路立体交叉和平交道口,应当符合国家规定的安全技术标准。

第三十条 铁路与道路交叉处设置立体交叉所需费用按照下列原则确定:

(一)新建、改建铁路与既有道路交叉的,由铁路部门

承担建设费用;道路部门提出超过既有的道路建设标准建设而增加的费用,由道路部门承担;

(二)新建、改建道路与既有铁路交叉的,由道路部门承担建设费用;铁路部门提出超过既有的铁路线路建设标准建设而增加的费用,由铁路部门承担;

(三)现有铁路与道路平交道口改建立体交叉的,由铁路部门和道路部门按照公平合理的原则分担建设费用。

第三十一条 铁路与道路交叉处的有人看守平交道口,应当设置警示灯、警示标志、铁路平交道口路段标线或者安全防护设施;无人看守的铁路道口,应当按照国家规定标准设置警示标志。

警示灯、安全防护设施由铁路运输企业设置、维护;警示标志、铁路平交道口路段标线由铁路道口所在地的道路管理部门设置、维护。

第三十二条 机动车在铁路道口内发生故障或者装载物掉落时,应当立即将故障车辆或者掉落的装载物移至铁路道口停止线以外或者铁路线路最外侧钢轨5米以外的安全地点。对无法立即移走的,应当立即报告铁路道口看守人员;在无人看守道口处,应当立即在道口两端采取措施拦停列车,并通知就近铁路车站采取紧急措施。

第三十三条 履带车辆通过铁路平交道口,应当提前通知铁路道口管理部门,并在其协助、指导下通过。

第三十四条 在下列地点,铁路运输企业应当按照标准设置易于识别的警示、保护标志:

(一)铁路桥梁、隧道的两端;

(二)铁路信号、通信光(电)缆埋设、铺设地点;

（三）电气化铁路接触网、自动闭塞供电线路和电力贯通线路等电力设施附近易发生危险的地方。

第三章　铁路营运安全

第三十五条　设计、生产、维修或者进口新型的铁路机车车辆，应当符合国家规定的标准，并分别向国务院铁路主管部门申请领取型号合格证、生产许可证、维修合格证或者型号认可证，经国务院铁路主管部门审查合格的，发给相应的证书。

第三十六条　按照国家有关规定生产、维修或者进口的铁路机车车辆，在投入使用前，应当经国务院铁路主管部门验收合格。

第三十七条　申请领取型号合格证、生产许可证、维修合格证、型号认可证和铁路机车车辆验收的具体程序由国务院铁路主管部门另行规定。

第三十八条　生产铁路道岔及其转辙设备、铁路通信信号控制软件及控制设备、铁路牵引供电设备的企业，应当符合下列条件并由国务院铁路主管部门认定：

（一）有按照国家规定标准检测、检验合格的专业生产设备；

（二）有相应的专业技术人员；

（三）有完善的产品质量保证体系和管理制度；

（四）近3年内无产品质量责任事故。

铁路道岔及其转辙设备、铁路通信信号控制软件及控制设备、铁路牵引供电设备经符合国家规定条件的专业检测、检验机构检测、检验合格，方可使用。

用于危险化学品和放射性物质铁路运输的罐车及其他容器的生产和检测、检验，依照有关法律、行政法规的规定管理。

第三十九条 本条例第三十八条规定以外的其他直接关系铁路运输安全的铁路专用设备、器材、工具和安全检测设备，实行产品强制认证制度（已实行工业产品生产许可证制度的铁路专用产品除外），相关产品的认证实施规则由国务院认证认可监督管理部门会同国务院铁路主管部门依法共同制定。

第四十条 用于铁路运输的安全防护设施、设备、集装箱和集装化用具等运输器具，篷布、装载加固材料或者装置、运输包装及货物装载加固，应当符合国家有关技术标准和规范。

第四十一条 铁路运输企业应当建立、健全并严格执行铁路运输的设施、设备的安全管理和检查防护的规章制度，加强对铁路运输的设施、设备的检测、维修，对不符合安全要求的应当及时更换，确保铁路运输的设施、设备性能完好和安全运行。

在法定假日和传统节日等铁路运输高峰期间，铁路运输企业应当加强铁路运输安全检查，确保运输安全。

第四十二条 铁路机车车辆和自轮运转车辆的驾驶人员应当经国务院铁路主管部门考试合格后，方可上岗。具体办法由国务院铁路主管部门制定。

第四十三条 铁路运输企业应当加强对从业人员的安全教育和培训。铁路运输企业的从业人员应当严格按照国家规定的操作规程，使用、管理铁路运输的设施、设备。

第四十四条 铁路运输企业应当将有关旅客、列车工作人员及其他进入车站的人员遵守的安全管理规定在列车内、车站等场所公告。

第四十五条 铁路运输企业应当使用国务院铁路主管部门认定的符合国家安全技术标准的铁路运输管理信息系统,并配备专门的安全管理人员,负责系统安全保护工作。

第四十六条 铁路运输企业应当按照法律、行政法规和国务院铁路主管部门的规定,对旅客携带物品和托运的行李进行安全检查。

从事安全检查的工作人员,应当佩戴安全检查标志,依法履行检查职责,并有权拒绝不接受安全检查的旅客进站乘车。

第四十七条 旅客应当接受并配合铁路运输企业在车站、列车实施的安全检查,不得违法携带、夹带匕首、弹簧刀及其他管制刀具,或者违法携带、随身托运烟花爆竹、枪支弹药等危险物品、违禁物品。旅客进站乘车、出站应当接受铁路工作人员的引导。

第四十八条 铁路运输托运人托运货物、行李、包裹时不得有下列行为:

(一)匿报、谎报货物品名、性质;

(二)在普通货物中夹带危险货物,或者在危险货物中夹带禁止配装的货物;

(三)匿报、谎报货物重量或者装车、装箱超过规定重量;

(四)其他危及铁路运输安全的行为。

第四十九条 铁路运输企业应当对承运的货物进行

安全检查,并不得有下列行为:

(一)在非危险品办理站、专用线、专用铁路承运危险货物;

(二)未经批准承运超限、超长、超重、集重货物;

(三)承运拒不接受安全检查的物品;

(四)承运不符合安全规定、可能危害铁路运输安全的其他物品。

第五十条 办理危险货物铁路运输的承运人,应当具备下列条件:

(一)有按国家规定标准检测、检验合格的专用设施、设备;

(二)有符合国家规定条件的驾驶人员、技术管理人员、装卸人员;

(三)有健全的安全管理制度;

(四)有事故处理应急预案。

第五十一条 办理危险货物铁路运输的托运人,应当具备下列条件:

(一)具有国家规定的危险物品生产、储存、使用或者经营销售的资格;

(二)运输工具、运输包装、装载加固条件及专用设施、设备符合国家规定的技术标准和安全条件;

(三)有符合国家规定条件的掌握危险货物铁路运输业务和相关知识的专业技术人员、运输经办人员和押运人员;

(四)有事故处理应急预案。

第五十二条 申请从事危险货物承运、托运业务的,应当向铁路管理机构提交证明符合第五十条、第五十一条规定条件的证明文件。铁路管理机构应当自收到申请之日起 20 日内作出批准或者不予批准的决定。决定批准的,发给相应的资格证明;不予批准的,应当书面通知申请人并说明理由。

第五十三条 办理超限、超长、超重、集重货物运输的承运人,应当具备下列条件:

(一)装载加固、运输工具及其他设施、设备符合国家有关技术标准和安全要求;

(二)有符合国家规定条件的专业技术人员、管理人员和作业人员;

(三)有健全的安全管理制度;

(四)有事故处理应急预案。

第五十四条 办理超限、超长、超重、集重货物运输的,承运人应当按照国家有关规定向国务院铁路主管部门或者铁路管理机构提出申请。国务院铁路主管部门或者铁路管理机构应当自收到申请之日起 7 日内作出批准或者不予批准的决定。决定批准的,发给相应的资格证明;不予批准的,应当书面通知申请人并说明理由。

第五十五条 运输危险货物应当按照国家规定,使用专用的设施、设备,托运人应当配备必要的押运人员和应急处理器材、设备、防护用品,并且使危险货物始终处于押运人员的监管之下,发生被盗、丢失、泄漏等情况,应当按照国家有关规定及时报告。

第五十六条 办理危险货物运输的工作人员及装卸人员、押运人员应当掌握危险货物的性质、危害特性、包装容器的使用特性和发生意外时的应急措施。

危险货物承运单位的主要负责人和安全生产管理人

员,应当经铁路管理机构对其安全生产知识和管理能力考核合格后方可任职。

第五十七条 危险货物的托运人和承运人应当按照国家规定的操作规程包装、装卸、运输,防止危险货物泄漏、爆炸。

第五十八条 特殊药品的托运人和承运人应当按照国家规定包装、装载、押运,防止特殊药品在运输过程中被盗、被劫或者发生丢失。

第四章 社会公众的义务

第五十九条 任何单位或者个人不得实施下列危害铁路运输安全的行为:

(一)非法拦截列车、阻断铁路运输;

(二)扰乱铁路运输调度机构、运输指挥部门及车站、列车的正常秩序;

(三)毁坏铁路线路、站台等设施、设备及路基、护坡、排水沟和防护林木、护坡草坪;

(四)在铁路线路上放置、遗弃障碍物;

(五)击打列车;

(六)擅自移动线路上的机车车辆,或者擅自开启列车车门;

(七)拆盗、损毁或者擅自移动铁路设施、设备、机车车辆配件和安全标志;

(八)在铁路线路上行走、坐卧或者在未设平交道口、人行过道的铁路线路上通过;

(九)在未设置行人通道的铁路桥梁上、隧道内通行;

（十）翻越、损毁、移动铁路线路两侧防护围墙、栅栏或者其他防护设施和标桩；

（十一）开启、关闭列车中货车阀、盖及破坏施封状态；

（十二）开启列车中集装箱箱门，破坏箱体、盖、阀及施封状态；

（十三）松动、解开、移动列车中货物装载加固材料和加固装置；

（十四）钻车、扒车、跳车；

（十五）从列车上抛扔杂物；

（十六）非法出售或者收购铁路器材；

（十七）其他危害铁路运输安全的行为。

第六十条 任何单位或者个人不得实施下列危及铁路通信、信号设施安全的行为：

（一）在埋有地下光（电）缆设施的地面上方进行钻探，堆放重物、垃圾，焚烧物品，倾倒腐蚀性物质；

（二）在地下光（电）缆两侧各 1 米的范围内建造、搭建建筑物、构筑物；

（三）在地下光（电）缆两侧各 1 米的范围内挖砂、取土和设置可能引起光（电）缆腐蚀的设施；

（四）在设有过河光（电）缆标志两侧各 100 米内进行挖砂、抛锚及其他危及光（电）缆安全的作业；

（五）其他可能危及铁路通信、信号设施安全的行为。

第六十一条 任何单位或者个人不得实施下列危害电气化铁路设施的行为：

（一）向电气化铁路接触网抛掷物品；

（二）在铁路电力线路导线两侧各 300 米的区域内升

放风筝、气球；

（三）攀登杆塔、铁路机车车辆或者在杆塔上架设、安装其他设施；

（四）在杆塔、拉线周围20米范围内取土、打桩、钻探或者倾倒有害化学物品；

（五）触碰电气化铁路接触网；

（六）其他危害铁路电力线路设施的行为。

第五章　监督检查

第六十二条　国务院铁路主管部门及铁路管理机构应当对有关铁路安全的法律、法规执行情况进行监督检查。

第六十三条　国务院铁路主管部门及铁路管理机构有权检查、制止各种侵占、损坏铁路运输的设施、设备、标志、用地及其他违反本条例的行为。

第六十四条　国务院铁路主管部门及铁路管理机构应当加强对铁路运输高峰时期的运输安全的监督检查，加强对铁路运输的关键环节、要害设施、设备的安全状况，及安全运输突发事件应急预案的建立和落实情况的监督检查。

第六十五条　国务院铁路主管部门及铁路管理机构和地方各级人民政府应当按照《地质灾害防治条例》的有关规定加强对铁路沿线地质灾害的预防、应急处理和治理等工作。

第六十六条　国务院铁路主管部门及铁路管理机构与国务院安全生产监督管理部门、县级以上地方人民政府安全生产监督管理部门应当建立相应的定期信息通报制度和运输安全生产协调机制。发现重大安全隐患，铁路运输企业应当及时向有关铁路管理机构和地方人民政府报告。地方人民政府获悉铁路沿线有危及铁路运输安全的重要情况，应当及时向有关的铁路运输企业和铁路管理机构通报。

第六十七条 国务院铁路主管部门及铁路管理机构对发现的安全隐患，应当责令立即排除。重大安全隐患排除前或者排除过程中无法保证运输安全的，应当责令从危险区域内撤出作业人员，责令暂时停产停业或者停止使用；重大安全隐患排除后方可恢复运输。

第六十八条 发生铁路运输安全事故，铁路运输企业应当按照国家有关规定及时报告。发生重大、特大铁路运输安全事故，应当立即报告铁路管理机构、国务院铁路主管部门和县级以上地方人民政府安全生产监督管理部门、国务院安全生产监督管理部门。

发生铁路运输安全事故，国务院铁路主管部门、铁路管理机构及县级以上地方人民政府、铁路运输企业应当按照有关规定及时启动事故处理应急预案。

事故调查处理按照国家有关事故调查处理的规定执行。

第六十九条 铁路运输安全监督检查人员履行安全检查职责时，任何单位和个人不得阻挠。

铁路运输安全监督检查人员执行公务，应当佩戴标志或者出示证件。

第六章 法律责任

第七十条 违反本条例第十一条规定的，由铁路管理机构责令改正，给予警告，对单位可以并处5000元以上5万元以下的罚款，对个人可以并处200元以上2000元以下的罚款。

第七十一条 违反本条例第十四条规定的，由国务院铁路主管部门或者铁路管理机构责令改正，处5000元以上5万元以下的罚款。

第七十二条 违反本条例第十五条规定的，由铁路桥梁所在地的有关水行政主管部门依法给予行政处罚。

第七十三条 违反本条例第十六条规定的，由铁路桥梁所在地的有关部门责令改正，处1万元以上10万元以下的罚款；构成犯罪的，依法追究刑事责任。

第七十四条 违反本条例第十七条规定的，由铁路管理机构责令限期拆除；逾期不拆除的，强制拆除，对单位处2万元以上20万元以下的罚款，对个人处1万元以上10万元以下的罚款；构成犯罪的，依法追究刑事责任。

第七十五条 违反本条例第十八条规定，在铁路线路两侧路堤坡脚、路堑坡顶、铁路桥梁外侧起各1000米范围内，及在铁路隧道上方中心线两侧各1000米范围内，从事采矿的，由地质矿产主管部门依照国家有关矿产资源管理的法律、法规给予行政处罚；从事采石及爆破作业的，由铁路管理机构责令改正，处2万元以上10万元以下的罚款；构成犯罪的，依法追究刑事责任。

第七十六条 违反本条例第十九条规定的，由铁路管理机构或者上级道路管理部门责令改正；拒不改正的，由铁路管理机构或者上级道路管理部门指定其他单位进行养护和维修，养护和维修费用由拒不履行义务的道路管理部门、铁路运输企业或者道路经营企业承担。

第七十七条　违反本条例第二十一条规定的，由上级河道、航道管理部门责令改正，对直接负责的主管人员和其他直接责任人员，给予记大过直至撤职的行政处分。

第七十八条　违反本条例第二十三条规定的，由国务院铁路主管部门或者铁路管理机构责令改正，可以处2万元以上10万元以下的罚款。

第七十九条　违反本条例第二十四条第二款规定的，由国务院铁路主管部门或者上级交通主管部门责令改正，对直接负责的主管人员和其他直接责任人员，给予记过或者记大过的处分。

第八十条　违反本条例第二十五条第二款规定的，由公安机关交通管理部门依法给予行政处罚。

违反本条例第二十五条第三款规定的，由铁路管理机构责令改正，处1000元以上5000元以下的罚款。

第八十一条　道路经营企业不按照本条例第二十六条规定设置、维护安全防护设施的，由铁路管理机构责令改正，处1万元以上10万元以下的罚款。

道路管理部门不按照本条例第二十六条规定设置、维护安全防护设施的，由上级道路管理部门责令改正，对直接负责的主管人员和其他直接责任人员处500元以上5000元以下的罚款。

第八十二条　违反本条例第二十八条第一款规定的，由公安机关责令限期拆除，依法给予行政处罚。

第八十三条　违反本条例第三十一条规定的，由铁路管理机构或者上级道路管理部门责令改正，对直接负责的主管人员和其他直接责任人员处500元以上5000元以下的罚款。

第八十四条 违反本条例第三十二条、第三十三条规定的，由铁路管理机构处500元以上5000元以下的罚款；构成犯罪的，依法追究刑事责任。

第八十五条 违反本条例第三十四条规定的，由国务院铁路主管部门责令铁路运输企业改正，处1000元以上1万元以下的罚款。

第八十六条 违反本条例第三十六条规定的，由国务院铁路主管部门责令改正，处2万元以上20万元以下的罚款。

第八十七条 违反本条例第三十八条规定，使用未经检测、检验合格的铁路道岔及其转辙设备、铁路通信信号控制软件及控制设备、铁路牵引供电设备的，由国务院铁路主管部门责令改正，处2万元以上20万元以下的罚款。

第八十八条 违反本条例第三十九条规定，使用未经强制性产品认证的直接关系铁路运输安全的铁路专用设备、器材、工具和安全检测设备的，依照有关法律、行政法规的规定予以处罚。

第八十九条 违反本条例第四十条规定的，由国务院铁路主管部门或者铁路管理机构责令改正，处1万元以上10万元以下的罚款。

第九十条 违反本条例第四十七条规定，旅客违法携带、夹带或者随身托运危险物品、违禁物品进站、上车的，由公安机关依法给予行政处罚。

第九十一条 违反本条例第四十八条规定，铁路运输托运人托运货物、行李、包裹时匿报、谎报货物品名、性质，匿报、谎报货物重量或者装车、装箱超过规定重量，或者有其他危及铁路运输安全的行为的，由铁路管理机构处1000元以上1万元以下的罚款；在普通货物中夹带危险货物，或者在危险货物中夹带禁止配装的货物的，处5000元以上5万元以下的罚款；构成犯罪的，依法追究刑事责任。

第九十二条 违反本条例第四十九条规定的，由国务院铁路主管部门处2万元以上10万元以下的罚款。

第九十三条 违反本条例第五十二条规定，未经批准擅自承运、托运危险货物的，由国务院铁路主管部门或者铁路管理机构处2万元以上10万元以下的罚款。

第九十四条 违反本条例第五十四条规定，未经批准擅自办理超限、超长、超重、集重货物运输的，由国务院铁路主管部门或者铁路管理机构处2万元以上10万元以下的罚款。

第九十五条 违反本条例第五十五条规定的，由公安机关依法给予行政处罚。

第九十六条 违反本条例第五十七条、第五十八条规定的，由国务院铁路主管部门或者铁路管理机构处2万元以上10万元以下的罚款。

第九十七条 违反本条例第五十九条、第六十一条规定的，由公安机关对个人处警告，可以并处50元以上200元以下的罚款，情节严重的，处200元以上2000元以下的罚款；对单位处警告，并处5000元以上2万元以下的罚款，对直接负责的主管人员和其他直接责任人员处200元以上2000元以下的罚款；构成违反治安管理行为的，由公安机关依法给予行政处罚；构成犯罪的，依法追究刑事责任。

第九十八条 违反本条例第六十条规定的，由公安机关责令改正，对违法的个人处200元以上2000元以下的罚款；对违法的单位处5000元以上5万元以下的罚款，对直接负责的主管人员和其他直接责任人员处200元以上2000元以下的罚款；构成犯罪的，依法追究刑事责任。

第九十九条 违反本条例规定，给铁路运输企业或者其他单位、个人财产造成损失的，依法承担赔偿责任。

第一百条 铁路运输企业不履行本条例规定义务的，除本条例另有规定外，由国务院铁路主管部门或者铁路管理机构责令改正，根据情节轻重可以处1万元以上10万元以下的罚款，对直接负责的主管人员和其他直接责任人员，处1000元以上1万元以下的罚款。

第一百零一条 违反本条例的规定，国务院铁路主管部门、铁路管理机构、公安机关、县级以上地方人民政府及其有关部门发现铁路运输安全隐患不及时依法处理，对违法行为不依法予以处罚，或者不履行本条例规定的其他职责的，对负有责任的主管人员和其他直接责任人员根据情节轻重，依法给予降级直至开除的行政处分；构成犯罪的，依法追究刑事责任。

第一百零二条 国务院铁路主管部门及铁路管理机构发现违反本条例规定的行为，但本部门无权处理的，应当及时移送或者通报有权处理的部门，有权处理的部门应当根据职责及时予以处理，并将处理情况通报移送部门。拒不依法处理的，对负有责任的主管人员和其他直接责任人员根据情节轻重，依法给予降级直至开除的行政处分；构成犯罪的，依法追究刑事责任。

第七章　附　　则

第一百零三条　本条例自2005年4月1日起施行。1989年8月15日国务院发布的《铁路运输安全保护条例》同时废止。

七、生产安全事故报告和调查处理条例

(2007年3月28日国务院第172次常务会议通过，
自2007年6月1日起施行。)

第一章　总　　则

第一条　为了规范生产安全事故的报告和调查处理，落实生产安全事故责任追究制度，防止和减少生产安全事故，根据《中华人民共和国安全生产法》和有关法律，制定本条例。

第二条　生产经营活动中发生的造成人身伤亡或者直接经济损失的生产安全事故的报告和调查处理，适用本条例；环境污染事故、核设施事故、国防科研生产事故的报告和调查处理不适用本条例。

第三条　根据生产安全事故(以下简称事故)造成的人员伤亡或者直接经济损失，事故一般分为以下等级：

(一)特别重大事故，是指造成30人以上死亡，或者100人以上重伤(包括急性工业中毒，下同)，或者1亿元以上直接经济损失的事故；

(二)重大事故，是指造成10人以上30人以下死亡，或者50人以上100人以下重伤，或者5000万元以上1亿元以下直接经济损失的事故；

(三)较大事故，是指造成3人以上10人以下死亡，或者10人以上50人以下重伤，或者1000万元以上5000万元以下直接经济损失的事故；

（四）一般事故，是指造成3人以下死亡，或者10人以下重伤，或者1000万元以下直接经济损失的事故。

国务院安全生产监督管理部门可以会同国务院有关部门，制定事故等级划分的补充性规定。

本条第一款所称的“以上”包括本数，所称的“以下”不包括本数。

第四条 事故报告应当及时、准确、完整，任何单位和个人对事故不得迟报、漏报、谎报或者瞒报。

事故调查处理应当坚持实事求是、尊重科学的原则，及时、准确地查清事故经过、事故原因和事故损失，查明事故性质，认定事故责任，总结事故教训，提出整改措施，并对事故责任者依法追究责任。

第五条 县级以上人民政府应当依照本条例的规定，严格履行职责，及时、准确地完成事故调查处理工作。

事故发生地有关地方人民政府应当支持、配合上级人民政府或者有关部门的事故调查处理工作，并提供必要的便利条件。

参加事故调查处理的部门和单位应当互相配合，提高事故调查处理工作的效率。

第六条 工会依法参加事故调查处理，有权向有关部门提出处理意见。

第七条 任何单位和个人不得阻挠和干涉对事故的报告和依法调查处理。

第八条 对事故报告和调查处理中的违法行为，任何单位和个人有权向安全生产监督管理部门、监察机关或者其他有关部门举报，接到举报的部门应当依法及时处理。

第二章 事故报告

第九条 事故发生后,事故现场有关人员应当立即向本单位负责人报告;单位负责人接到报告后,应当于1小时内向事故发生地县级以上人民政府安全生产监督管理部门和负有安全生产监督管理职责的有关部门报告。

情况紧急时,事故现场有关人员可以直接向事故发生地县级以上人民政府安全生产监督管理部门和负有安全生产监督管理职责的有关部门报告。

第十条 安全生产监督管理部门和负有安全生产监督管理职责的有关部门接到事故报告后,应当依照下列规定上报事故情况,并通知公安机关、劳动保障行政部门、工会和人民检察院:

(一)特别重大事故、重大事故逐级上报至国务院安全生产监督管理部门和负有安全生产监督管理职责的有关部门;

(二)较大事故逐级上报至省、自治区、直辖市人民政府安全生产监督管理部门和负有安全生产监督管理职责的有关部门;

(三)一般事故上报至设区的市级人民政府安全生产监督管理部门和负有安全生产监督管理职责的有关部门。

安全生产监督管理部门和负有安全生产监督管理职责的有关部门依照前款规定上报事故情况,应当同时报告本级人民政府。国务院安全生产监督管理部门和负有安全生产监督管理职责的有关部门以及省级人民政府接到发生特别重大事故、重大事故的报告后,应当立即报告国务院。

必要时,安全生产监督管理部门和负有安全生产监督管理职责的有关部门可以越级上报事故情况。

第十一条 安全生产监督管理部门和负有安全生产监督管理职责的有关部门逐级上报事故情况,每级上报的时间不得超过2小时。

第十二条 报告事故应当包括下列内容:

(一)事故发生单位概况;

(二)事故发生的时间、地点以及事故现场情况;

(三)事故的简要经过;

(四)事故已经造成或者可能造成的伤亡人数(包括下落不明的人数)和初步估计的直接经济损失;

(五)已经采取的措施;

(六)其他应当报告的情况。

第十三条 事故报告后出现新情况的,应当及时补报。

自事故发生之日起30日内,事故造成的伤亡人数发生变化的,应当及时补报。道路交通事故、火灾事故自发生之日起7日内,事故造成的伤亡人数发生变化的,应当及时补报。

第十四条 事故发生单位负责人接到事故报告后,应当立即启动事故相应应急预案,或者采取有效措施,组织抢救,防止事故扩大,减少人员伤亡和财产损失。

第十五条 事故发生地有关地方人民政府、安全生产监督管理部门和负有安全生产监督管理职责的有关部门接到事故报告后，其负责人应当立即赶赴事故现场，组织事故救援。

第十六条 事故发生后，有关单位和人员应当妥善保护事故现场以及相关证据，任何单位和个人不得破坏事故现场、毁灭相关证据。

因抢救人员、防止事故扩大以及疏通交通等原因，需要移动事故现场物件的，应当做出标志，绘制现场简图并做出书面记录，妥善保存现场重要痕迹、物证。

第十七条 事故发生地公安机关根据事故的情况，对涉嫌犯罪的，应当依法立案侦查，采取强制措施和侦查措施。犯罪嫌疑人逃匿的，公安机关应当迅速追捕归案。

第十八条 安全生产监督管理部门和负有安全生产监督管理职责的有关部门应当建立值班制度，并向社会公布值班电话，受理事故报告和举报。

第三章 事故调查

第十九条 特别重大事故由国务院或者国务院授权有关部门组织事故调查组进行调查。

重大事故、较大事故、一般事故分别由事故发生地省级人民政府、设区的市级人民政府、县级人民政府负责调查。省级人民政府、设区的市级人民政府、县级人民政府可以直接组织事故调查组进行调查，也可以授权或者委托有关部门组织事故调查组进行调查。

未造成人员伤亡的一般事故，县级人民政府也可以委托事故发生单位组织事故调查组进行调查。

第二十条 上级人民政府认为必要时，可以调查由下级人民政府负责调查的事故。

自事故发生之日起30日内(道路交通事故、火灾事故自发生之日起7日内),因事故伤亡人数变化导致事故等级发生变化,依照本条例规定应当由上级人民政府负责调查的,上级人民政府可以另行组织事故调查组进行调查。

第二十一条 特别重大事故以下等级事故,事故发生地与事故发生单位不在同一个县级以上行政区域的,由事故发生地人民政府负责调查,事故发生单位所在地人民政府应当派人参加。

第二十二条 事故调查组的组成应当遵循精简、效能的原则。

根据事故的具体情况,事故调查组由有关人民政府、安全生产监督管理部门、负有安全生产监督管理职责的有关部门、监察机关、公安机关以及工会派人组成,并应当邀请人民检察院派人参加。

事故调查组可以聘请有关专家参与调查。

第二十三条 事故调查组成员应当具有事故调查所需要的知识和专长,并与所调查的事故没有直接利害关系。

第二十四条 事故调查组组长由负责事故调查的人民政府指定。事故调查组组长主持事故调查组的工作。

第二十五条 事故调查组履行下列职责:

(一)查明事故发生的经过、原因、人员伤亡情况及直接经济损失;

(二)认定事故的性质和事故责任;

(三)提出对事故责任者的处理建议;

（四）总结事故教训，提出防范和整改措施；

（五）提交事故调查报告。

第二十六条 事故调查组有权向有关单位和个人了解与事故有关的情况，并要求其提供相关文件、资料，有关单位和个人不得拒绝。

事故发生单位的负责人和有关人员在事故调查期间不得擅离职守，并应当随时接受事故调查组的询问，如实提供有关情况。

事故调查中发现涉嫌犯罪的，事故调查组应当及时将有关材料或者其复印件移交司法机关处理。

第二十七条 事故调查中需要进行技术鉴定的，事故调查组应当委托具有国家规定资质的单位进行技术鉴定。必要时，事故调查组可以直接组织专家进行技术鉴定。技术鉴定所需时间不计入事故调查期限。

第二十八条 事故调查组成员在事故调查工作中应当诚信公正、恪尽职守，遵守事故调查组的纪律，保守事故调查的秘密。

未经事故调查组组长允许，事故调查组成员不得擅自发布有关事故的信息。

第二十九条 事故调查组应当自事故发生之日起60日内提交事故调查报告；特殊情况下，经负责事故调查的人民政府批准，提交事故调查报告的期限可以适当延长，但延长的期限最长不超过60日。

第三十条 事故调查报告应当包括下列内容：

（一）事故发生单位概况；

（二）事故发生经过和事故救援情况；

（三）事故造成的人员伤亡和直接经济损失；

（四）事故发生的原因和事故性质；

（五）事故责任的认定以及对事故责任者的处理建议；

（六）事故防范和整改措施。

事故调查报告应当附具有关证据材料。事故调查组成员应当在事故调查报告上签名。

第三十一条 事故调查报告报送负责事故调查的人民政府后，事故调查工作即告结束。事故调查的有关资料应当归档保存。

第四章 事故处理

第三十二条 重大事故、较大事故、一般事故，负责事故调查的人民政府应当自收到事故调查报告之日起15日内做出批复；特别重大事故，30日内做出批复，特殊情况下，批复时间可以适当延长，但延长的时间最长不超过30日。

有关机关应当按照人民政府的批复，依照法律、行政法规规定的权限和程序，对事故发生单位和有关人员进行行政处罚，对负有事故责任的国家工作人员进行处分。

事故发生单位应当按照负责事故调查的人民政府的批复，对本单位负有事故责任的人员进行处理。

负有事故责任的人员涉嫌犯罪的，依法追究刑事责任。

第三十三条 事故发生单位应当认真吸取事故教训，落实防范和整改措施，防止事故再次发生。防范和整改措施的落实情况应当接受工会和职工的监督。

安全生产监督管理部门和负有安全生产监督管理职责的有关部门应当对事故发生单位落实防范和整改措施的情况进行监督检查。

第三十四条 事故处理的情况由负责事故调查的人民政府或者其授权的有关部门、机构向社会公布，依法应当保密的除外。

第五章 法律责任

第三十五条 事故发生单位主要负责人有下列行为之一的，处上一年年收入40%至80%的罚款；属于国家工作人员的，并依法给予处分；构成犯罪的，依法追究刑事责任：

（一）不立即组织事故抢救的；

（二）迟报或者漏报事故的；

（三）在事故调查处理期间擅离职守的。

第三十六条 事故发生单位及其有关人员有下列行为之一的，对事故发生单位处100万元以上500万元以下的罚款；对主要负责人、直接负责的主管人员和其他直接责任人员处上一年年收入60%至100%的罚款；属于国家工作人员的，并依法给予处分；构成违反治安管理行为的，由公安机关依法给予治安管理处罚；构成犯罪的，依法追究刑事责任：

（一）谎报或者瞒报事故的；

（二）伪造或者故意破坏事故现场的；

（三）转移、隐匿资金、财产，或者销毁有关证据、资料的；

（四）拒绝接受调查或者拒绝提供有关情况和资料的；

（五）在事故调查中作伪证或者指使他人作伪证的；

（六）事故发生后逃匿的。

第三十七条 事故发生单位对事故发生负有责任的，依照下列规定处以罚款：

（一）发生一般事故的，处10万元以上20万元以下的罚款；

（二）发生较大事故的，处20万元以上50万元以下的罚款；

（三）发生重大事故的，处50万元以上200万元以下的罚款；

（四）发生特别重大事故的，处200万元以上500万元以下的罚款。

第三十八条 事故发生单位主要负责人未依法履行安全生产管理职责，导致事故发生的，依照下列规定处以罚款；属于国家工作人员的，并依法给予处分；构成犯罪的，依法追究刑事责任：

（一）发生一般事故的，处上一年年收入30%的罚款；

（二）发生较大事故的，处上一年年收入40%的罚款；

（三）发生重大事故的，处上一年年收入60%的罚款；

（四）发生特别重大事故的，处上一年年收入80%的罚款。

第三十九条 有关地方人民政府、安全生产监督管理部门和负有安全生产监督管理职责的有关部门有下列行为之一的，对直接负责的主管人员和其他直接责任人员依法给予处分；构成犯罪的，依法追究刑事责任：

（一）不立即组织事故抢救的；

（二）迟报、漏报、谎报或者瞒报事故的；

（三）阻碍、干涉事故调查工作的；

（四）在事故调查中作伪证或者指使他人作伪证的。

第四十条 事故发生单位对事故发生负有责任的，由有关部门依法暂扣或者吊销其有关证照；对事故发生单位负有事故责任的有关人员，依法暂停或者撤销其与安全生产有关的执业资格、岗位证书；事故发生单位主要负责人受到刑事处罚或者撤职处分的，自刑罚执行完毕或者受处分之日起，5 年内不得担任任何生产经营单位的主要负责人。

为发生事故的单位提供虚假证明的中介机构，由有关部门依法暂扣或者吊销其有关证照及其相关人员的执业资格；构成犯罪的，依法追究刑事责任。

第四十一条 参与事故调查的人员在事故调查中有下列行为之一的，依法给予处分；构成犯罪的，依法追究刑事责任：

（一）对事故调查工作不负责任，致使事故调查工作有重大疏漏的；

（二）包庇、袒护负有事故责任的人员或者借机打击报复的。

第四十二条 违反本条例规定，有关地方人民政府或者有关部门故意拖延或者拒绝落实经批复的对事故责任人的处理意见的，由监察机关对有关责任人员依法给予处分。

第四十三条 本条例规定的罚款的行政处罚，由安全生产监督管理部门决定。

法律、行政法规对行政处罚的种类、幅度和决定机关另有规定的，依照其规定。

第六章　附　则

第四十四条　没有造成人员伤亡，但是社会影响恶劣的事故，国务院或者有关地方人民政府认为需要调查处理的，依照本条例的有关规定执行。

国家机关、事业单位、人民团体发生的事故的报告和调查处理，参照本条例的规定执行。

第四十五条　特别重大事故以下等级事故的报告和调查处理，有关法律、行政法规或者国务院另有规定的，依照其规定。

第四十六条　本条例自2007年6月1日起施行。国务院1989年3月29日公布的《特别重大事故调查程序暂行规定》和1991年2月22日公布的《企业职工伤亡事故报告和处理规定》同时废止。

八、工伤保险条例(摘录)

第二条 中华人民共和国境内的各类企业、有雇工的个体工商户(以下称用人单位)应当依照本条例规定参加工伤保险,为本单位全部职工或者雇工(以下称职工)缴纳工伤保险费。

中华人民共和国境内的各类企业的职工和个体工商户的雇工,均有依照本条例的规定享受工伤保险待遇的权利。

有雇工的个体工商户参加工伤保险的具体步骤和实施办法,由省、自治区、直辖市人民政府规定。

第四条 用人单位应当将参加工伤保险的有关情况在本单位内公示。

用人单位和职工应当遵守有关安全生产和职业病防治的法律法规,执行安全卫生规程和标准,预防工伤事故发生,避免和减少职业病危害。

职工发生工伤时,用人单位应当采取措施使工伤职工得到及时救治。

第十四条 职工有下列情形之一的,应当认定为工伤:

(一)在工作时间和工作场所内,因工作原因受到事故伤害的;

(二)工作时间前后在工作场所内,从事与工作有关的预备性或者收尾性工作受到事故伤害的;

(三)在工作时间和工作场所内,因履行工作职责受到暴力等意外伤害的;

（四）患职业病的；

（五）因工外出期间，由于工作原因受到伤害或者发生事故下落不明的；

（六）在上下班途中，受到机动车事故伤害的；

（七）法律、行政法规规定应当认定为工伤的其他情形。

第十五条 职工有下列情形之一的，视同工伤：

（一）在工作时间和工作岗位，突发疾病死亡或者在48小时之内经抢救无效死亡的；

（二）在抢险救灾等维护国家利益、公共利益活动中受到伤害的；

（三）职工原在军队服役，因战、因公负伤致残，已取得革命伤残军人证，到用人单位后旧伤复发的。

职工有前款第（一）项、第（二）项情形的，按照本条例的有关规定享受工伤保险待遇；职工有前款第（三）项情形的，按照本条例的有关规定享受除一次性伤残补助金以外的工伤保险待遇。

第二十九条 职工因工作遭受事故伤害或者患职业病进行治疗，享受工伤医疗待遇。

职工治疗工伤应当在签订服务协议的医疗机构就医，情况紧急时可以先到就近的医疗机构急救。

治疗工伤所需费用符合工伤保险诊疗项目目录、工伤保险药品目录、工伤保险住院服务标准的，从工伤保险基金支付。工伤保险诊疗项目目录、工伤保险药品目录、工伤保险住院服务标准，由国务院劳动保障行政部门会同国务院卫生行政部门、药品监督管理部门等部门规定。

职工住院治疗工伤的，由所在单位按照本单位因公出差伙食补助标准的70%发给住院伙食补助费；经医疗机构出具证明，报经办机构同意，工伤职工到统筹地区以外就医的，所需交通、食宿费用由所在单位按照本单位职工因公出差标准报销。

工伤职工治疗非工伤引发的疾病，不享受工伤医疗待遇，按照基本医疗保险办法处理。

工伤职工到签订服务协议的医疗机构进行康复性治疗的费用，符合本条第三款规定的，从工伤保险基金支付。

第三十条 工伤职工因日常生活或者就业需要，经劳动能力鉴定委员会确认，可以安装假肢、矫形器、假眼、假牙和配置轮椅等辅助器具，所需费用按照国家规定的标准从工伤保险基金支付。

第三十一条 职工因工作遭受事故伤害或者患职业病需要暂停工作接受工伤医疗的，在停工留薪期内，原工资福利待遇不变，由所在单位按月支付。

停工留薪期一般不超过12个月。伤情严重或者情况特殊，经设区的市级劳动能力鉴定委员会确认，可以适当延长，但延长不得超过12个月。工伤职工评定伤残等级后，停发原待遇，按照本章的有关规定享受伤残待遇。工伤职工在停工留薪期满后仍需治疗的，继续享受工伤医疗待遇。

生活不能自理的工伤职工在停工留薪期需要护理的，由所在单位负责。

第三十二条 工伤职工已经评定伤残等级并经劳动能力鉴定委员会确认需要生活护理的，从工伤保险基金按月支付生活护理费。

生活护理费按照生活完全不能自理、生活大部分不能自理或者生活部分不能自理3个不同等级支付，其标准分别为统筹地区上年度职工月平均工资的50%、40%或者30%。

第三十三条 职工因工致残被鉴定为一级至四级伤残的，保留劳动关系，退出工作岗位，享受以下待遇：

（一）从工伤保险基金按伤残等级支付一次性伤残补助金，标准为：一级伤残为24个月的本人工资，二级伤残为22个月的本人工资，三级伤残为20个月的本人工资，四级伤残为18个月的本人工资；

（二）从工伤保险基金按月支付伤残津贴，标准为：一级伤残为本人工资的90%，二级伤残为本人工资的85%，三级伤残为本人工资的80%，四级伤残为本人工资的75%。伤残津贴实际金额低于当地最低工资标准的，由工伤保险基金补足差额；

（三）工伤职工达到退休年龄并办理退休手续后，停发伤残津贴，享受基本养老保险待遇。基本养老保险待遇低于伤残津贴的，由工伤保险基金补足差额。

职工因工致残被鉴定为一级至四级伤残的，由用人单位和职工个人以伤残津贴为基数，缴纳基本医疗保险费。

第三十四条 职工因工致残被鉴定为五级、六级伤残的，享受以下待遇：

（一）从工伤保险基金按伤残等级支付一次性伤残补助金，标准为：五级伤残为16个月的本人工资，六级伤残为14个月的本人工资；

（二）保留与用人单位的劳动关系，由用人单位安排适当工作。难以安排工作的,由用人单位按月发给伤残津贴,标准为:五级伤残为本人工资的70%,六级伤残为本人工资的60%,并由用人单位按照规定为其缴纳应缴纳的各项社会保险费。伤残津贴实际金额低于当地最低工资标准的,由用人单位补足差额。

经工伤职工本人提出,该职工可以与用人单位解除或者终止劳动关系,由用人单位支付一次性工伤医疗补助金和伤残就业补助金。具体标准由省、自治区、直辖市人民政府规定。

第三十五条 职工因工致残被鉴定为七级至十级伤残的,享受以下待遇:

(一)从工伤保险基金按伤残等级支付一次性伤残补助金,标准为:七级伤残为12个月的本人工资,八级伤残为10个月的本人工资,九级伤残为8个月的本人工资,十级伤残为6个月的本人工资;

(二)劳动合同期满终止,或者职工本人提出解除劳动合同的,由用人单位支付一次性工伤医疗补助金和伤残就业补助金。具体标准由省、自治区、直辖市人民政府规定。

第三十六条 工伤职工工伤复发,确认需要治疗的,享受本条例第二十九条、第三十条和第三十一条规定的工伤待遇。

第三十七条 职工因工死亡,其直系亲属按照下列规定从工伤保险基金领取丧葬补助金、供养亲属抚恤金和一次性工亡补助金:

(一)丧葬补助金为6个月的统筹地区上年度职工月平均工资;

（二）供养亲属抚恤金按照职工本人工资的一定比例发给由因工死亡职工生前提供主要生活来源、无劳动能力的亲属。标准为：配偶每月40%，其他亲属每人每月30%，孤寡老人或者孤儿每人每月在上述标准的基础上增加10%。核定的各供养亲属的抚恤金之和不应高于因工死亡职工生前的工资。供养亲属的具体范围由国务院劳动保障行政部门规定；

（三）一次性工亡补助金标准为48个月至60个月的统筹地区上年度职工月平均工资。具体标准由统筹地区的人民政府根据当地经济、社会发展状况规定，报省、自治区、直辖市人民政府备案。

伤残职工在停工留薪期内因工伤导致死亡的，其直系亲属享受本条第一款规定的待遇。

一级至四级伤残职工在停工留薪期满后死亡的，其直系亲属可以享受本条第一款第（一）项、第（二）项规定的待遇。

第三十八条 伤残津贴、供养亲属抚恤金、生活护理费由统筹地区劳动保障行政部门根据职工平均工资和生活费用变化等情况适时调整。调整办法由省、自治区、直辖市人民政府规定。

第三十九条 职工因工外出期间发生事故或者在抢险救灾中下落不明的，从事故发生当月起3个月内照发工资，从第4个月起停发工资，由工伤保险基金向其供养亲属按月支付供养亲属抚恤金。生活有困难的，可以预支一次性工亡补助金的50%。职工被人民法院宣告死亡的，按照本条例第三十七条职工因工死亡的规定处理。

九、《国家突发公共事件总体应急预案》（摘　录）

1　总则

1.3　分类分级

（2）事故灾难。主要包括工矿商贸等企业的各类安全事故，交通运输事故，公共设施和设备事故，核与辐射事故，环境污染和生态破坏事件等。

（3）公共卫生事件。主要包括传染病疫情，群体性不明原因疾病，食品安全和职业危害，动物疫情，以及其他严重影响公众健康和生命安全的事件。

（4）社会安全事件。主要包括恐怖袭击事件，民族宗教事件，经济安全事件，涉外突发事件和群体性事件等。

各类突发公共事件按照其性质、严重程度、可控性和影响范围等因素，一般分为四级：I 级（特别重大）、II 级（重大）、III 级（较大）和 IV 级（一般）。《特别重大、重大突发公共事件分级标准（试行）》，见附件 7.1；较大和一般突发公共事件分级标准由国务院主管部门另行制定，作为突发公共事件信息报送和分级处置的依据。

1.6　应急预案体系

（1）突发公共事件总体应急预案。总体应急预案是全国应急预案体系的总纲，是国务院应对特别重大突发公共事件的规范性文件，由国务院制定并公布实施。

（2）突发公共事件专项应急预案。专项应急预案主要是国务院及其有关部门为应对某一类型或某几种类型突发公共事件而制定的涉及数个部门职责的应急预案，由国务院有关部门牵头制定，报国务院批准后实施。

(3)突发公共事件部门应急预案。部门应急预案是国务院有关部门根据总体应急预案、专项应急预案和部门职责为应对突发公共事件制定的预案，由国务院有关部门制定印发，报国务院备案。

3 运行机制

3.1.2 预警级别和发布

根据预测分析结果，对可能发生和可以预警的突发公共事件进行预警。预警级别依据突发公共事件可能造成的危害程度、紧急程度和发展势态，一般划分为四级：I级(特别严重)、II级(严重)、III级(较重)和IV级(一般)，依次用红色、橙色、黄色和蓝色表示。

4 应急保障

4.1 人力资源

公安(消防)、医疗卫生、地震救援、海上搜救、矿山救护、森林消防、防洪抢险、核与辐射、环境监控、危险化学晶事故救援、铁路事故、民航事故、基础信息网络和重要信息系统事故处置，以及水、电、油、气等工程抢险救援队伍是应急救援的专业队伍和骨干力量。地方各级人民政府和有关部门、单位要加强应急救援队伍的业务培训和应急演练，建立联动协调机制，提高装备水平；动员社会团体、企事业单位以及志愿者等各种社会力量参与应急救援工作；增进国际间的交流与合作。要加强以乡镇和社区为单位的公众应急能力建设，发挥其在应对突发公共事件中的重要作用。

4.6 交通运输保障

铁道部、交通部、民航总局等有关部门要保证紧急情况下应急交通工具的优先安排、优先调度、优先放行，确保运输安全畅通；省级人民政府要依法建立紧急情况社会交通运输工具的征用程序，确保抢险救灾物资和人员能够及时、安全送达。

根据应急处置需要，政府有关部门要对现场及相关通道实行交通管制，开设应急救援“绿色通道”，保证应急救援工作的顺利开展。

4.7 治安维护

公安、武警部队按照有关规定，参与应急处置和治安维护工作。要加强对重点地区、重点场所、重点人群、重要物资和设备的安全保护，依法严厉打击违法犯罪活动，必要时，依法采取有效管制措施，控制事态，维护社会秩序。

5 监督管理

5.3 责任与奖惩

突发公共事件应急处置工作实行行政领导负责制和责任追究制。

对突发公共事件应急管理工作中做出突出贡献的先进集体和个人要给予表彰和奖励。

对迟报、谎报、瞒报和漏报突发公共事件重要情况或者应急管理工作中有其他失职、渎职行为的，依法对有关责任人给予行政处分；构成犯罪的，依法追究刑事责任。

7 附件

7.1 特别重大、重大突发公共事件分级标准（试行）

一、自然灾害类

（一）水旱灾害

特别重大水旱灾害包括：

4. 洪水造成铁路繁忙干线、国家高速公路网和主要航道中断,48 小时无法恢复通行。

重大水旱灾害包括:

5. 洪水造成铁路干线、国家高速公路网和航道通行中断,24 小时无法恢复通行。

(四)地质灾害

重大地质灾害包括:

3. 造成铁路繁忙干线、国家高速公路网线路、民航和航道中断,或严重威胁群众生命财产安全、有重大社会影响的地质灾害。

二、事故灾难类

(一)安全事故

特别重大安全事故包括:

1. 造成 30 人以上死亡(含失踪),或危及 30 人以上生命安全,或 1 亿元以上直接经济损失,或 100 人以上中毒(重伤),或需要紧急转移安置 10 万人以上的安全事故;

4. 铁路繁忙干线、国家高速公路网线路遭受破坏,造成行车中断,经抢修 48 小时内无法恢复通车。

重大安全事故包括:

1. 造成 10 人以上、30 人以下死亡(含失踪),或危及 10 人以上、30 人以下生命安全,或直接经济损失 5000 万元以上、1 亿元以下的事故,或 50 人以上、100 人以下中毒(重伤),或需紧急转移安置 5 万人以上、10 万人以下的事故;

4. 铁路繁忙干线、国家高速公路网线路遭受破坏,或因灾害严重损毁,造成通行中断,经抢修 24 小时内无法恢复通车。

（二）环境污染和生态破坏事故

特别重大环境污染和生态破坏事故包括：

3. 因危险化学品（含剧毒品）生产和贮运中发生泄漏，严重影响人民群众生产、生活的污染事故。

三、公共卫生事件类

（一）公共卫生事件

重大公共卫生事件包括：

11. 一次食物中毒人数超过100人并出现死亡病例，或出现10例以上死亡病例；

12. 一次发生急性职业中毒50人以上，或死亡5人以上；

13. 境内外隐匿运输、邮寄烈性生物病原体、生物毒素造成我境内人员感染或死亡的。

四、社会安全事件类

（一）群体性事件

特别重大群体性事件包括：

4. 阻断铁路繁忙干线、国道、高速公路和重要交通枢纽、城市交通8小时停运，或阻挠、妨碍国家重点建设工程施工，造成24小时以上停工事件。

（五）恐怖袭击事件

3. 利用爆炸手段，袭击党政军首脑机关、警卫现场、城市标志性建筑物、公众聚集场所、国家重要基础设施、主要军事设施、民生设施、航空器的；

4. 劫持航空器、轮船、火车等公共交通工具，造成严重危害后果的。

7.5 部门应急预案目录（有关铁路部分）

预案名称	制定部门
2.《铁路防洪应急预案》	铁道部
3.《铁路破坏性地震应急预案》	铁道部
4.《铁路地质火灾害应急预案》	铁道部
21.《铁路交通伤亡事故应急预案》	铁道部
22.《铁路火灾事故应急预案》	铁道部
23.《铁路危险化学品运输事故应急预案》	铁道部
24.《铁路网络与信息安全事故应急预案》	铁道部
39.《铁路突发公共卫生事件应急预案》	铁道部
56.《铁路处置群体事件应急预案》	铁道部

十、国家处置铁路行车事故应急预案

1 总则

1.1 编制目的

预防和最大限度地减少铁路行车事故造成的人员伤亡、财产损失和对公共安全的影响，及时有效处置铁路行车事故，尽快恢复铁路运输正常秩序。

1.2 编制依据

依据《中华人民共和国安全生产法》、《中华人民共和国铁路法》、《中华人民共和国消防法》、《国家突发公共事件总体应急预案》、《特别重大事故调查程序暂行规定》、《铁路技术管理规程》、《铁路行车事故处理规则》等法律法规和有关规定，制定本预案。

1.3 适用范围

本预案适用于铁路发生特别重大行车事故，即造成30以上死亡(含失踪)、或危及30人以上生命安全，或100人以上中毒(重伤)，或紧急转移人员超过10万，或直接经济损失超过1亿元、或繁忙干线中断行车48小时以上的事故；以及在国家铁路、国家铁路控股的合资铁路开行的旅客列车，国家铁路、国家铁路控股的合资铁路开往地方铁路或非国家铁路控股的合资铁路的旅客列车，发生重大行车事故，即造成10人以上、30人以下死亡(含失踪)，或危及10人以上、30人以下生命安全，或50人以上、100人以下中毒(重伤)，或直接经济损失在5000万元以上、1亿元以下，或繁忙干线中断行车24小时以上的事故。

地方铁路和非国家铁路控股的合资铁路发生上述行车事故时，按管理权限，由所在地省级人民政府制定相应应急预案，并按其规定组织处置。

1.4 工作原则

(1)坚持以人为本。以保障人民群众的生命财产安全为出发点和落脚点，最大限度地减少行车事故造成的人员伤亡和财产损失。

(2)尽快恢复运输。分秒必争，快速抢通线路，尽快恢复通车和运输秩序。

(3)实行分工负责。在国务院统一领导下，铁道部和国务院有关部门、事发地人民政府按照各自职责、分工、权限和本预案的规定，共同做好铁路行车事故应急救援处置工作。

(4)坚持预防为主。积极采取先进的预测、预防、预警和应急处置技术，提高行车事故防范水平；不断完善铁路应急救援体系建设，提高救援装备技术水平和应急救援能力。

2 组织指挥体系及职责

2.1 应急体系框架

2.1.1 应急预案体系

国家处置铁路行车事故应急预案体系由本应急预案、铁路其他相关事故灾难应急预案、地方人民政府和各铁路运输企业铁路行车事故应急预案组成。

2.1.2 应急救援组织体系

在发生铁路Ⅰ级应急响应的行车事故时，根据需要，铁道部报请国务院领导组织、指导、协调应急救援工作，由国务院或国务院授权铁道部成立非常设的国家处置铁路行车事故应急救援领导小组,成员单位根据铁路行车事故的严重程度、影响范围和应急处置的需要确定,主要由铁道部、卫生部、公安部、新闻办、外交部、港澳办、台办、安全监管总局、武警总部、事发地省级人民政府等组成。

铁道部成立铁路行车事故应急指挥小组,组长由铁道部部长担任,副组长由主管副部长和总调度长担任,成员由铁道部办公厅、安监司、运输局、公安局、宣传部和其他相关司局负责人担任。

铁路行车事故应急指挥小组下设行车事故灾难应急协调办公室(设在铁道部办公厅),负责协助部领导处理有关事故灾难、信息收集和协调指挥等工作。

国家处置铁路行车事故应急救援领导小组根据铁道部建议以及相关部门和单位意见,作出应急支援决定。国务院各有关部门和地方人民政府依据分工,分头组织实施应急支援行动。

2.2 国家处置铁路行车事故应急救援领导小组成员单位职责

(1)铁道部负责有关铁路行车事故的应急管理及具体组织、指挥、协调铁路行车事故的应急救援工作;根据铁路行车事故应急救援工作的实际需要,向国家处置铁路行车事故应急救援领导小组提出具体支援建议等。

(2)卫生部负责协调事故伤员的医疗救护和事故现场的有关防疫工作。

(3)新闻办负责协调铁路行车事故灾难及国家应急处置情况的信息发布工作。

(4)公安部负责维护事发地社会治安秩序,依法打击盗窃铁路物资、破坏铁路设施的违法犯罪活动；协助组织群众从危险地区安全撤离；依法对事发地区道路交通实施交通管制；负责组织、协调、指挥火灾事故灭火救援工作；负责消防力量、资源的统一调配。

(5)外交部负责协助处理旅客列车造成外籍人员伤亡的行车事故以及国际联运列车在境外发生的行车事故。

(6)港澳办负责协助处理旅客列车造成港澳人员伤亡的行车事故以及内地和香港铁路间开行的旅客列车在香港发生的行车事故。

(7)台办负责协助处理旅客列车造成台湾同胞伤亡的行车事故。

(8)安全监管总局参与指挥、指导、协调有关应急救援工作。

(9)武警总部负责组织武警部队参与应急救援工作，协助事发地公安部门维护社会治安和转移群众等工作。

(10)事发地省级人民政府成立现场救援指挥部，具体负责事故现场群众疏散安置、社会救援力量支援等方面的现场指挥和后勤保障工作；负责组织处置地方铁路和非国家铁路控股的合资铁路发生的行车事故。

3　预防预警

3.1　行车事故信息报告与管理

铁道部负责本预案规定处理权限的铁路行车事故信息的收集、调查、处理、统计、分析、总结和报告，同时预测事故发展趋势，发布安全预警信息，制订相应预防措施。

铁路行车事故信息按《铁路行车事故处理规则》规定进行报告。当铁路行车事故发生后，有关人员应立即逐级上报铁道部运输局调度值班处长和铁道部安全监察司值班监察，最迟不得超过事故发生后2小时；铁道部调度值班处长和安全值班监察接到报告后，应立即报告铁道部行车事故灾难应急协调办公室（部长办公室）及本部门负责人，由行车事故灾难应急协调办公室报告总调度长、主管副部长和部长；并按有关规定上报国务院，最迟不得超过接报后2小时；按本预案要求通知铁道部应急指挥小组成员。

对需要地方人民政府协助救援、协调伤员救治、现场群众疏散等工作以及可能产生较大社会影响的行车事故，发生事故的铁路运输企业，应按地方人民政府和铁路运输企业铁路行车事故应急预案规定程序，立即向事发地人民政府应急机构通报，地方人民政府应按有关程序进行处置。

地方铁路和非国家铁路控股的合资铁路发生Ⅰ、Ⅱ级应急响应的行车事故时，由事发地省级人民政府在事故发生后2小时内报铁道部行车事故灾难应急协调办公室（电话：010－51844150），铁道部行车事故灾难应急协调办公室接到事故通报后，立即按上述有关规定程序办理。

3.2 行车事故预防预警系统

根据铁路行车事故特点和规律，适应提高科技保障安全能力的需要，铁路部门应进一步加大投入，研制开发和引进先进的安全技术装备，进一步整合和完善铁路现有各项安全检测、监控技术装备；依托现代网络技术和移动通信技术，构建完整的铁路行车安全监控信息网络，实现各类安全监测信息的自动收集与集成；逐步建立防止各类铁路行车事故的安全监控系统、事故救援指挥系统和铁路行车安全信息综合管理系统。在此基础上，逐步建成集监测、控制、管理和救援于一体的高度信息化的铁路行车安全预防预警体系。

4 应急响应

铁路行车事故的应急响应是在国务院领导下，由发生事故的铁路运输企业、铁道部、事发地人民政府和国务院有关部门按照各自职责开展的救援行动。具体见“应急响应全过程组织与行动图”。

当地方铁路和非国家铁路控股的合资铁路进行Ⅰ级应急响应行动时，事发地人民政府按照本预案进行应急响应，全力以赴组织施救，并及时向国务院和铁道部报告救援工作进展情况。铁道部协调相关工作。

当地震、其他地质和洪涝等自然灾害引发的行车事故达到本预案应急响应条件时，在启动自然灾害类相应应急预案的同时，启动本预案。

铁路交通伤亡事故造成的人员伤亡、财产损失和影响达到本预案应急响应条件时，在启动《铁路交通伤亡事故应急预案》的同时，启动本预案。

当行车事故涉及以下情况时，在启动本预案的同时，根据需要，启动相应的应急预案。

（1）涉及列车重大火灾的行车事故，启动《铁路火灾事故应急预案》。

（2）涉及危险化学品运输的行车事故，启动《铁路危险化学品运输事故应急预案》。

（3）涉及恐怖袭击、重大破坏案件的行车事故，启动《铁路处置恐怖袭击、重大破坏案件应急预案》。

4.1 分级响应

按铁路行车事故灾难的可控性、严重程度和影响范围,应急响应级别原则上分为Ⅰ、Ⅱ、Ⅲ、Ⅳ级。当达到本预案应急响应条件时,应启动本预案。

4.1.1 Ⅰ级应急响应

(1)出现下列情况之一,为Ⅰ级应急响应:

①造成30人以上死亡(含失踪),或危及30人以上生命安全,或100人以上中毒(重伤)的铁路行车事故。

②直接经济损失超过1亿元的铁路行车事故。

③铁路沿线群众需要紧急转移10万人以上的铁路行车事故。

④铁路繁忙干线遭受破坏,造成行车中断,经抢修在48小时内无法恢复通车。

⑤国务院决定需要启动Ⅰ级应急响应的其他铁路行车事故。

(2)Ⅰ级响应行动

①Ⅰ级应急响应由铁道部报请国务院启动,或由国务院授权铁道部启动。

②铁道部接到事故报告后,立即报告国务院,同时根据情况,通知国务院应急救援领导小组有关成员,组成国家处置铁路行车事故应急救援领导小组。

③铁道部开通与国务院有关部门、事发地省级应急救援指挥机构以及现场救援指挥部的通信联系通道,随时掌握事故进展情况。

④通知有关专家对应急救援方案提供咨询。

⑤铁道部根据专家的建议以及国务院其他部门的意见提出建议,国务院应急救援领导小组确定事故救援的支援和协调方案。

⑥派出有关人员和专家赶赴现场参加、指导现场应急救援。

应急响应全过程组织与行动图

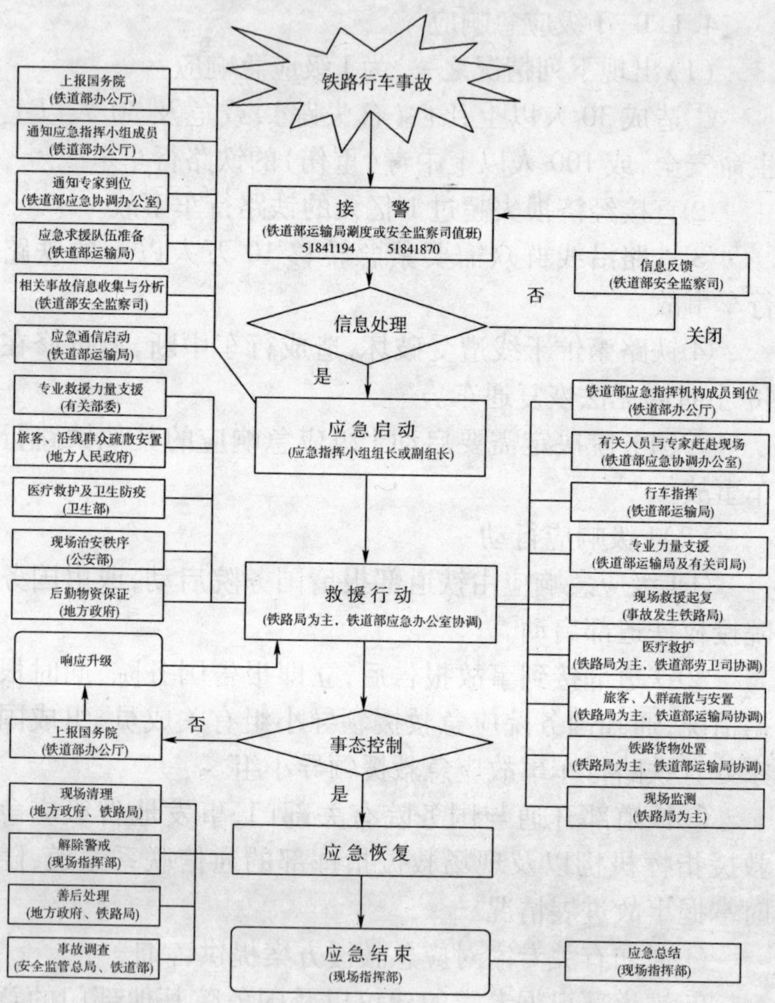

⑦协调事故现场救援指挥部提出的其他支援请求。

4.1.2 Ⅱ级应急响应

(1)符合下列情况之一,为Ⅱ级应急响应:

①造成10人以上、30人以下死亡(含失踪),或危及10人以上、30人以下生命安全,或50人以上、100人以下中毒(重伤)的铁路行车事故。

②直接经济损失为5000万元以上、1亿元以下的铁路行车事故。

③铁路沿线群众需要紧急转移5万人以上、10万人以下的路行车事故。

④铁路繁忙干线遭受破坏,造成行车中断,经抢修24小时内无法恢复通车。

⑤铁道部决定需要启动本预案的铁路行车事故。

(2)Ⅱ级响应行动

①Ⅱ级应急响应由铁道部负责启动;

②铁道部行车事故灾难应急协调办公室立即通知铁道部应急指挥小组有关成员前往指挥地点,并根据事故具体情况通知有关专家参加,应急指挥地点设在运输局。

③应急指挥小组根据事故情况设立行车指挥、事故救援、事故调查、医疗救护、后勤保障、善后处理、宣传报道、治安保卫等应急协调组和现场救援指挥部,分别由铁道部办公厅、安全监察司、运输局、公安局、劳动和卫生司、宣传部和其他相关司局及发生地铁路运输企业的有关人员组成。

④开通与事发地铁路运输企业应急救援指挥机构、事故现场救援指挥部、各应急协调组的通信联系通道,随时掌握事故进展情况。

⑤根据专家和各应急协调组的建议,应急指挥小组

确定事故救援的支援和协调方案。

⑥派出有关人员和专家赶赴现场参加、指导现场应急救援工作。

⑦协调事故现场救援指挥部提出的支援请求。

⑧向国务院报告有关事故情况。

⑨超出本级应急救援处置能力时,及时报告国务院。

4.1.3　发生Ⅲ级以下应急响应的行车事故,由铁路运输企业按其制定的应急预案启动。

4.2　信息共享和处理

4.2.1　铁道部通过现代网络技术,构建铁路行车安全信息管理体系,实现铁路行车安全信息集中管理、资源共享。

4.2.2　国际联运列车在境外发生行车事故时,铁道部及时与有关部门联系,了解事故情况。

4.2.3　发生Ⅰ、Ⅱ级应急响应的行车事故时,发生事故的铁路运输企业在报告铁道部的同时,应按有关规定抄报事发地省级人民政府。

4.3　通信

4.3.1　铁道部负责组织协调建立通信联系,保障事故现场信息和国务院各应急协调指挥机构的通信,必要时承担开设现场应急救援指挥机动通信枢纽的任务。

4.3.2　铁路系统内部以行车调度电话为主通信方式,各级值班电话为辅助通信方式。铁路电话“117”人工台为应急通信电话,实施“立接制”服务。

4.3.3　行车事故发生后,根据事故应急处理需要,设置事故现场指挥电话和图像传输设备,确定现场联系方式,确保应急指挥联络的畅通。铁道部负责组织协调逐步实现事故现场与铁道部应急指挥小组的视频、音频和数据信息的实时传输。

4.3.4 铁道部负责建立并维护国务院办公厅、国务院有关部门及铁道部有关司局、有关专家、铁路运输企业、上级应急机构的通信数据库,包括手机、办公电话、家庭电话、传真等多种联系方式。

4.4 指挥和协调

4.4.1 铁道部指挥协调工作

(1)进入应急状态,铁道部应急指挥小组代表铁道部全权负责行车事故应急协调指挥工作。铁道部有关司局根据职责分工负责协调相关工作。

(2)铁道部应急指挥小组根据行车事故情况,提出事故现场控制行动原则和要求,调集相邻铁路运输企业救援队伍,商请有关部门派出专业救援人员,各应急机构接到事故信息和支援命令后,要立即派出有关人员和队伍赶赴现场。现场救援指挥部根据铁道部应急指挥小组的授权,统一指挥事故现场救援。各应急救援力量要按照批准的方案,相互配合,密切协作,共同实施救援起复和紧急处置行动。

(3)现场救援指挥部成立前,由事发地铁路运输企业应急领导小组指定人员(车站站长)任组长并组织有关单位组成事故现场临时调查处理小组,按《铁路行车事故处理规则》的规定,开展事故现场人员救护、事故救援、机车、车辆起复和事故调查等工作,全力控制事故态势,防止事故扩大。

(4)行车事故发生后,铁路行车指挥部门要立即封锁事故影响的区间(站场),全面做好防护工作,防止次生、衍生事故的发生和人员伤亡、财产损失的扩大。

(5)铁道部应急指挥小组统一指挥协调全路应急资源,实施紧急处置行动。

应急状态时,铁道部有关司局和专家,要及时,主动向行车事故灾难应急协调办公室提供事故应急救援有关基础资料以及事故发生前设备技术状态和相关情况,并迅速对事故灾难信息进行分析、评估,提出应急处置方案和建议,供铁道部应急指挥小组领导决策参考。

4.4.2 事发地人民政府指挥协调工作

地方人民政府应急指挥机构根据铁路行车事故情况,对铁路沿线群众安全防护和疏散、事故造成的伤亡人员救护和安置、事故现场的治安秩序以及有关救援力量的增援提出现场行动原则和要求,并迅速组织救援力量实施救援行动。

4.5 紧急处置

4.5.1 现场处置主要依靠事发地铁路运输企业应急处置力量。事故发生后,当地铁路单位和列车工作人员应立即组织开展自救、互救,并根据《铁路行车事故处理规则》迅速上报。

4.5.2 发生铁路行车事故需要启动本预案时,铁道部、国务院有关部门和地方人民政府分别按权限组织处置。根据事故具体情况和实际需要调动应急队伍,集结专用设备、器械和药品等救援物资,落实处置措施。需要公安、武警对现场施行保护、警戒和协助抢救时,由事发地人民政府负责协调。

4.5.3 铁道部应急指挥小组根据现场请求,负责紧急调集铁路内部救援力量、专用设备和物资,参与应急处置；并通过国家处置铁路行车事故应急救援领导小组，协调组织有关部委的专业救援力量、专用设备和物资实施紧急支援。

4.5.4 涉及跨省级行政区域、影响严重的事故紧急处置案，由铁道部提出并协调实施；必要时，报国务院决定。

4.6 救护和医疗

4.6.1 行车事发地人民政府负责现场组织协调有关医疗救护工作。

4.6.2 卫生部根据铁道部应急指挥小组的请求，负责协调组织医疗救护、医疗专家、特种药品和特种救治装备进行支援，协调组织现场卫生防疫有关工作。

4.6.3 事发地铁路运输企业按照本单位应急预案中确定的医疗救护网点，迅速联系地方医疗机构，配合协助医疗部门开展紧急医疗救护和现场卫生处置。

4.6.4 对可能导致疫病发生的行车事故，铁路运输企业应立即通知卫生防疫部门采取防疫措施。

4.7 应急人员的防护

应急救援起复方案，必须在确保现场人员安全的情况下实施。要高度重视应急救援人员的自身安全防护，严格执行设备、设施操作规程和标准。参加应急救援和现场指挥、事故调查处理的人员，必须配带具有明显标识并符合防护要求的安全帽、防护服、防护靴等。根据需要，由铁道部应急指挥小组和事发地人民政府具体协调调集相应的安全防护装备。

4.8 群众的安全防护

4.8.1 凡旅客列车发生的行车事故需要应急救援

时，必须先将旅客和列车乘务人员疏散到安全区域后方准开始应急救援。

4.8.2　凡需要对旅客进行安全防护、疏散时，由铁路运输企业按其应急救援预案进行安全防护和疏散。需要对沿线群众进行安全防护、疏散时，铁路运输企业应立即通知事发地人民政府，由地方人民政府负责进行安全防护和疏散。

4.8.3　旅客、群众安全防护和事故处理期间的治安管理，由公安部负责。必要时，由地方人民政府协调武警部队配合。

4.9　社会力量的动员与参与

需社会力量参与时，由铁道部应急指挥小组协调地方人民政府实施，并纳入地方人民政府应急救援预案。社会力量参与应急救援，应在现场救援指挥部统一领导下开展工作。

4.10　突发事件的调查处理及损失评估

I级应急响应的铁路行车事故调查处理，由国务院或国务院授权组织调查组负责。其他铁路行车事故的调查处理，按《铁路行车事故处理规则》有关规定，由铁道部负责。

行车事故的损失评估，按铁路有关规定执行。

4.11　信息发布

铁道部或授权铁路局负责行车事故的信息发布工作。如发生影响较大的行车事故，要及时发布准确、权威的信息，正确引导社会舆论。要指定专人负责信息舆论工作，迅速拟订信息发布方案，确定发布内容，及时采用适当方式发布信息，并组织好相关报道。发生可能产生重大社会影响或国际影响的事故,按规定程序,及时上报新闻办和有关部门,请求协调有关信息发布工作。

4.12 应急结束

当行车事故发生现场对人员的危害性消除,伤亡人员和旅客、群众已得到医疗救护和安置,列车恢复正常运输后,经现场救援指挥部批准,现场应急救援工作结束。应急救援队伍撤离现场,按“谁启动、谁结束”的原则,宣布应急结束。完成行车事故救援起复后期处置工作后,现场救援指挥部要对整个应急救援情况进行总结,并写出报告报送铁道部行车事故灾难应急协调办公室。

5 后期处置

5.1 善后处理

事发地铁路运输企业负责按国家及铁路客货运输管理规章规定,及时对受害旅客、货主、群众及其家属进行补偿或赔偿;负责清除事故现场有害残留物,或将其控制在安全允许的范围内。铁道部和地方人民政府应急指挥机构共同协调处理好有关工作。

5.2 保价保险

铁路行车事故发生后,由善后处理组通知有关保险机构及时赶赴事故现场,开展应急救援人员现场保险及伤亡人员和财产保险的理赔工作;对涉及保价运输的货物损失,由善后处理组按铁路有关保价规定理赔。

5.3 铁路行车事故应急经验教训总结及改进建议

按照《铁路行车事故处理规则》规定,根据现场救援指挥部提交的铁路行车事故调查报告和应急救援总结报告,铁道部行车事故灾难应急协调办公室组织总结分析应急救援经验教训,提出改进应急救援工作的意见和建议，报送铁道部应急指挥小组。

铁道部、国务院有关部门和事发地省级人民政府应急指挥机构，应根据实际应急救援行动情况进行总结分析，并向国务院办公厅提交总结报告。

6 保障措施

6.1 通信与信息保障

铁道部负责组织协调通信工作，保证应急救援时通信畅通。

铁道部负责组织建立统一的国家铁路和国家铁路控股的合资铁路行车事故灾难应急救援指挥系统，逐步整合行车设备状态信息、地理信息、沿线视频信息，并结合行车事故灾害现场动态图像信息和救援预案，建立铁路运输安全综合信息库，为抢险救援提供决策支持。

6.2 救援装备和应急队伍保障

铁道部根据铁路救援体系建设规划，协调、检查、促进铁路应急救援基地建设，强化完善救援队伍建设，保证应急状态的调用。

铁道部要进一步优化和强化以救援列车、救援队、救援班为主体的救援抢险网络，合理配置救援资源；采用先进的救援装备和安全防护器材，制订各类救援起复专业技术方案；积极开展技能培训和演练，提高快速反应和救援起复能力。

6.3 交通运输保障

启动应急预案期间，事发地人民政府和铁路运输企业按管理权限调动管辖范围内的交通工具，任何单位和个人不得拒绝。根据现场需要，由地方人民政府协调地方公安交通管理部门实行必要的交通管制，维持应急处置期间的交通运输秩序。

6.4 医疗卫生保障

地方卫生行政部门应制订相应的医疗卫生保障应急预案，明确铁路沿线可用于应急救援的医疗救治资源和卫生防疫机构能力与分布情况，提出可调用方案，检查监督本行政区域内医疗卫生防疫单位的应急准备保障措施的落实情况。

各铁路运输企业在制定应急预案时，应按照地方卫生行政部门确定的承担铁路行车事故医疗卫生防疫机构名录，明确不同地区、不同线路发生行车事故时医疗卫生机构地址、联系方式，并制订应急处置行动方案，确保应急处置及时有效。

6.5 治安保障

各级应急处置预案，都要明确事故现场负责治安保障的公安部门负责人，安排足够的警力做好应急期间各阶段、各场所的治安保障工作。

6.6 物资保障

铁路运输企业要按规定备足必需的应急抢险路料及备用器材、设施，专人负责，定期检查。

6.7 资金保障

铁路运输企业财会部门要采取得力措施，确保铁路行车事故应急处置的资金需求。铁路行车事故应急救援费用、善后处理费用和损失赔偿费用由事故责任单位承担，事故责任单位无力承担的，由地方人民政府和铁道部按管理权限协调解决。应急处置工作经费保障按《财政应急保障预案》规定实施。

6.8 技术储备与保障

铁道部行车事故灾难应急协调办公室负责专家库、技术资料等的建立、完善和更新。

7 宣传、培训和演习

7.1 宣传教育

地方各级人民政府要积极利用电视、广播、报刊等新闻媒体,广泛宣传应急法律法规和公众避险、自救、互救知识,提高公众自我保护能力和守法意识。

铁道部要结合铁路行业实际,全面开展宣传教育工作,提高全体职工的安全意识。

7.2 培训

按照分级管理的原则,铁道部、国务院有关部门和地方人民政府要组织各级应急管理机构以及专业救援队伍的人员进行上岗前培训,定期进行救援知识的专业培训,提高救援技能。

7.3 演练

铁道部要有计划地按应急救援要求每年进行一次演习和演练。根据需要:可开展国内外的工作交流,提高铁路行业应急处置实战能力。

8 附则

8.1 名词术语的定义与说明

铁路行车事故性质按《铁路行车事故处理规则》规定的构成条件确定。

本预案有关数量的表述中,“以上”含本数,“以下”不含本数。

8.2 预案管理与更新

随着应急救援法律法规的制订和完善、部门职责的变化以及应急过程中存在的问题和出现的新情况,铁道部应及时修订完善本预案,报国务院批准后实施。

8.3 奖励与责任追究

对实施本应急预案行动中表现突出的单位和人员,由各级应急领导(指挥)小组给予表彰和奖励;在应急处置中因公殉职的人员需追认烈士时,由地方人民政府负责按有关程序办理。对玩忽职守、严重失职造成事故的责任人,根据国家有关法律法规的规定,按照管理权限,给予行政处罚;构成犯罪的,依法追究刑事责任。

8.4 制定与解释部门

本预案由国务院办公厅负责解释。

8.5 预案实施时间

本预案自印发之日起实施。

后记

1979年7月16日国务院批准发布的《火车与其他车辆碰撞和铁路路外人员伤亡事故处理暂行规定》和1994年8月13日国务院批准发布的《铁路旅客运输损害赔偿规定》对保障人民群众生命和财产权益、妥善处理铁路交通事故，维护铁路交通秩序发挥了积极作用。但是，随着国民经济和社会的发展，这两部行政法规已经不能适应社会经济发展和人民生活水平提高的现实要求。为此，国家有关部门在总结铁路交通事故应急救援和调查处理的实践经验基础上，经过三年多的工作，多次征求国务院各有关部门，全国人大立法机构，法院、检察院等司法机关，各级地方人民政府以及相关企事单位的意见，反复研究修改，形成了《铁路交通事故应急救援和调查处理条例（草案）》。草案经2007年6月27日国务院第182次常务会议讨论通过，2007年7月11日国务院总理温家宝签署中华人民共和国第501号国务院令公布了条例。条例自2007年9月1日起施行。

为了更好地贯彻、实施条例，加强对条例的学习和宣传，国务院法制办工交商事法制司和铁道部政策法规司、安全监察司共同组织编写了《铁路交通事故应急救援和调查处理条例释义》一书。参加条例起草和审查修改工作的有：国务院法制办工交商事法制司赵晓光、郭启文、马森述、李盛、朱作鑫等同志，铁道部政策法规司田根哲、赵果情、韩潇、王平、张森等同志，铁道部安全监察司陈兰华、卢永忠、于永利、吴建中、王军、蒋维平、房生修、柳华、孙汉武、谢仙舟、陈鲁、李仲刚等同志，铁道部运输局苏顺虎、崔艳等同志，铁道部公安局赵炳军、王少白、朱拥政、李明虎等同志。有关铁路安全技术专家余卓民、王汉运、李丁卯、周荣祥、李建卿、李国嵘、程鹏、陶景知、赵立山、王宗州、邹波、余华、卢长胜等同志也参与了本书的编写。

由于作者水平有限，本书难免有不妥之处，敬请读者批评指正。

编　者

2007 年 8 月